服装设计

时装画手绘
表现技法与实战教程

李雪莹 Lena Lee · 编著

FASHION
ILLUSTRATION

电子工业出版社·
Publishing House of Electronics Industry
北京·BEIJING

图书在版编目（CIP）数据

服装设计：时装画手绘表现技法与实战教程 / 李雪莹编著. —北京：电子工业出版社, 2019.6

ISBN 978-7-121-36571-3

Ⅰ.①服… Ⅱ.①李… Ⅲ.①服装设计－绘画技法－教材 Ⅳ.①TS941.28

中国版本图书馆CIP数据核字（2019）第092815号

责任编辑：田　蕾　　特约编辑：刘红涛
印　　刷：北京缤索印刷有限公司
装　　订：北京缤索印刷有限公司
出版发行：电子工业出版社
　　　　　北京市海淀区万寿路173信箱　　邮编：100036
开　　本：889×1194　1/16　　印张：14.5　　字数：469千字
版　　次：2019年6月第1版
印　　次：2021年11月第6次印刷
定　　价：99.00元

凡所购买电子工业出版社图书有缺损问题，请向购买书店调换。若书店售缺，请与本社发行部联系，联系及邮购电话：（010）88254888，88258888。
质量投诉请发邮件至 zlts@phei.com.cn，盗版侵权举报请发邮件至dbqq@phei.com.cn。
本书咨询联系方式：（010）88254161～88254167转1897。

前言
·FOREWORD

　　绘画可以陶冶情操、洗涤心灵、倾诉心事，它如音乐、诗书、舞蹈等艺术的表现一样，既具有神秘感，看起来又让人感觉很明朗，人们看之、读之、赏之、懂之，又困惑之。它可能直白，也可能晦涩，可能狂野，也可能异常静默，可能绚烂，也可能灰暗……我习惯用"她"来比喻绘画，"她"恰如一位感性又细腻的女人，敏感又准确地捕捉你内心的波澜，一颦一笑百媚，一悲一忧惹人，让你的内心随之起伏跌宕，以心往之。

　　绘画艺术之时装画除了秉承了绘画的特点，还融入了设计的含义。"她"不再那般感性娇弱，而是多了一分理性的思考。画时装画是时装设计师们的必备技能，也是时装设计课程的必修科目，"她"是表现服装设计意念必需的手段。"她"需要阐述的不仅仅是个人的理念，而且还要将理念与设计融入可穿戴的服饰之中，故而也需要结合人体结构特点，以及可穿戴性、实用性等问题来综合考虑。

　　本书旨在让读者从基础到进阶逐步了解并掌握时装画的绘制方法。从工具的介绍到人体结构、动态，再到多种面料的画法，以及多种时装及配饰的示范，带领大家领略时装画的魅力及绘制的要领，使大家可以清楚明白地理解如何绘制一幅完整美观的时装画效果图。绘画讲究方法。想要获得技能的提升也需要不断地练习。初学美术或时装画的人，除了看书，最简单、高效的方法应当是先临摹，后结合，再创作。

　　希望大家能够把书中讲到的要点运用到自己的绘画创作中，边看边画，眼手并进，勇于尝试。初学者千万不要因为前期的习作不理想而气馁、退缩。这通常是因为给自己定的初始目标过高了，毕竟没有人可以刚开始学习就能熟练地掌握一项技能。我们能够做到多看、多临摹、多想、多练，不断精进，给自己持续的正反馈，就会看到自己技能上的提升。

　　最后，要感谢所有在撰绘此书过程中给予我帮助和支持的朋友，也祝所有读者能够在书中有所收获，画出自己理想的时装画作品。

读者服务

　　读者在阅读本书的过程中如果遇到问题，可以关注"有艺"公众号，通过公众号与我们取得联系。此外，通过关注"有艺"公众号，您还可以获取更多的新书资讯、书单推荐、优惠活动等相关信息。

　　资源下载方法：关注"有艺"公众号，在"有艺学堂"的"资源下载"中获取下载链接，如果遇到无法下载的情况，可以通过以下三种方式与我们取得联系：

　　1. 关注"有艺"公众号，通过"读者反馈"功能提交相关信息；

　　2. 请发邮件至 art@phei.com.cn，邮件标题命名方式：资源下载 + 书名；

　　3. 读者服务热线：（010）88254161~88254167 转 1897。

　　投稿、团购合作：请发邮件至 art@phei.com.cn。

扫一扫关注"有艺"

目录 ————
·CONTENTS

Chapter

01

时装画导读

1.1 ▸▸ 时装画及分类

　　时装画包括时装插画、时装效果图、款式图等，本书主要给大家讲解时装效果图的表现技法。绘制时装效果图是时装设计师必备的技能。

　　时装效果图一般由简单的设计草图细化、深入而来，主要用来表现设计师的设计，常用马克笔、彩铅、水彩等进行手绘，或用计算机通过 Photoshop 进行效果图的绘制。

　　款式图则更偏向于工业化的制衣图，告诉制作者或制衣工人具体的细节尺寸和制作方式，一般采用手绘或利用计算机绘制，常用 Illustrator 和 AutoCAD 等软件来进行绘制。

　　时装插画则更趋向于艺术，如果说时装效果图是"look book"，那么时装插画就是"时尚大片"，"她"更在意的是个性和自我的表达，以时装和绘画为媒介传达自己的思想、理念。很多知名品牌也会和插画师合作绘制一些时尚插画、时装插画，用于品牌的宣传。

1.2 ▶▶ 学习时装画

1.2.1 高效的学习方法

　　绘画水平的提高是一个积累的过程，同时也很讲究方法。对于初学者而言，学习画时装画，最简单、高效的方法应当是先临摹、后结合、再创作。临摹可谓是入门学习的最佳途径，不过，需要注意的是，一定要"临好画、好临画、画好临"——要做到临摹好的绘画作品，且爱好临摹，还要多临摹，最后就会觉得简单易上手了。大家可以参考时装画大师和本书提供给大家的范画及教程进行学习、临摹。谈及时装画的临摹，我们首要学习的就是人体的基本结构与动态，这样才能使人物着装自然、得体，体现出时装及配饰的设计。若照着临摹对你来说还是太难，也可以从扫描、打印范画开始，用薄纸或硫酸纸覆在上面拓着画，之后再进一步试着临摹。在掌握了人体的绘制之后，再进一步学习时装的绘制，注意衣服的轮廓与形态、省道与结构、面料与厚度、褶皱与细节等。

　　通过临摹掌握了人体和基本的服饰绘制之后，可以开始进入第二个阶段：结合，即半临半画，有参考地组合绘制。临摹一定数量的作品之后，可以先尝试画照片中的服饰（秀场图、时尚大片等），如果所画的作品和临摹的示范相差不大，则可以将自己临摹的作品或绘制的照片进行再创造，加上自己的构想。变换一些细节或进行多种组合，或增或减，逐步过渡到自己独立创作。

1.2.2 参考照片的选择

　　我们通常参考模特的走秀图及（模特动态端正的）产品画册来进行时装效果图的绘制与学习。初学者切忌选择透视过大、角度过于倾斜、整体光线昏暗或曝光过度看不清细节的图片。那些模特动态不正、重心不稳、肌腱过于强壮或身材过于骨感瘦弱，以及模特身材比例不好、姿态和表情不美观的照片，在学习的初期我们都要尽量避免。在初学阶段，应尽量选择模特身材比例好，姿态及五官平稳、端正，动态舒展且衣饰服帖合体，褶皱或衣摆自然流畅，衣物不过于厚重或轻薄，服饰不过于夸张、极简或复杂，画质清晰，无光斑、彩色光或逆光等光线不佳的图片进行绘制。

　　一般而言，我们通常会选择模特身体左右平衡、重心中正、视平线位于模特肩部到膝盖的走秀图作为绘制参考。选择正直的站姿和走姿进行练习，这两个姿态也是时装效果图里最常用的。

1.2.3 本书的学习要领

　　本书从基础到进阶，一步一步分析讲解时装画的绘制方法。从工具的介绍到人体结构、动态，再到多种面料的画法，以及多种时装和配饰的绘画示范，让读者逐步领略到时装画的魅力及其绘制要领，理解如何绘制一幅完整、美观的时装效果图。在学习绘制时装效果图之前，需要准备好绘制工具。在之后的学习中，特别鼓励大家边学边画，不要一本书翻完了还没动笔。多画多练无疑可以使你进步飞快。一开始画不好，笔不听话都是正常的，一定要敢于面对问题，只有发现了问题才能更好地解决。善于自查自省是特别宝贵的，能够把学到的要点运用到自己的画中是最重要的，这也是大家学习画画能够取得进步的根本。多尝试，保留一直以来的习作，记下时间，慢慢地你就会看到大大的不同。

　　本书除了配套的手绘图，还有对应的文字讲解，记得对照学习，千万不要光顾着翻看画面，文字要领同样重要。书里面还有一些小练习，如线稿上色等，完成练习或临摹了书中的作品以后，都可以发给我帮忙讲评。如果发现书中有任何问题或想给书中的内容提建议，都可以联系我。联系邮箱：lenaleeartclass@126.com，或关注新浪微博 @LenaLee 柰（nai，木字头）并私信我即可。

　　说了这么多，相信大家都已经准备好和我一起画时装效果图了。不过，"工欲善其事，必先利其器"，在正式画之前还得一起来看看如何准备画材和工具，以便更好地绘制我们心仪的时装。

Chapter 02

时装画工具介绍

2.1 ▸▸ 画笔工具类

2.1.1 铅笔、自动铅笔及橡皮

　　画草图和起稿时我们常常会用到铅笔。在平时练习画人体、画速写，练习用线或画草图时，建议使用普通的木杆铅笔，这种铅笔的线条富于变化，善于表现，有节奏、有韵律，侧锋还可以相对快速地平铺上色或带出一些阴影和变化。

　　在绘制时装画时，建议大家使用自动铅笔起稿。自动铅笔对于绘制相对工整、理性的设计图来说会更加方便，也易于刻画精细均匀的线条。通常我们会选择 2H、4H 的自动铅笔来进行起稿。如果画草图，也可以选择更软、更重（比如 2B）的铅芯。大多数时候我们会选择 0.5 或者 0.3 的自动铅笔。之所以选择相对轻浅且细的自动铅笔，是因为笔芯过于粗重，很容易在画面上留有较深的痕迹，使用橡皮不易将其擦干净。同时，在起稿时画面也更容易被蹭脏。自动铅笔种类繁多，选择一款中等粗细、不易断铅的就可以了。橡皮请购买普通中等硬度的绘图橡皮，不建议使用可塑橡皮。可塑橡皮一般用在素描绘画中，用于提亮，而非用于擦除多余的线条。

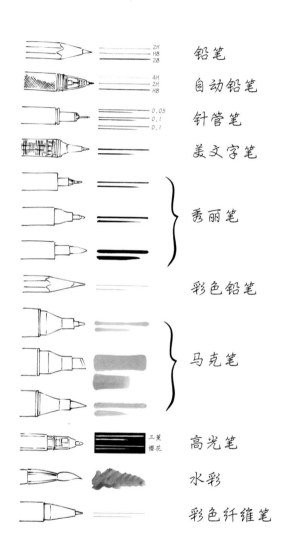

铅笔

自动铅笔

针管笔

美文字笔

秀丽笔

彩色铅笔

马克笔

高光笔

水彩

彩色纤维笔

2.1.2 针管笔

　　针管笔也称勾线笔，购买时最好选择防水的针管笔。我们通常使用的马克笔是酒精性的，因此不防水的针管笔容易晕染。绘画前需要准备 0.05 和 0.1 型号的针管笔，也可以准备一支 0.3 粗细的。0.1 型号的相对来说最为常用，一般用来勾画皮肤，可购买黑色和棕色各一支。0.05 型号的针管笔一般用来刻画精致的细节，如睫毛及一些细碎的珠饰、蕾丝图案等。0.3 型号的针管笔一般在绘制较粗的均匀线条时使用，比如在 A3 纸张上绘制时装画时，人物的轮廓就可以用 0.3 型号的针管笔来勾画。

　　需要注意的是，使用针管笔时不要用力过猛，那样会使笔头变形。我们也不要用力一压一带那样使用针管笔，使得一根线上面有很多顿点，绘制流线时应尽量做到弱入淡出，这样的线条也更易于衔接。针管笔的纤维笔头具有一定的弹性，从而可以绘制出流畅、自然且均匀的线条。

2.1.3 美文字笔及秀丽笔

　　美文字笔和秀丽笔的极细、小楷（或称小字）就是用来勾画衣服的。时装画要突出时装，故而衣物的勾勒要比人物粗一个层级。这种软中又有筋性的笔很适合勾画服饰的轮廓、衣物的褶皱、头发等。

　　不建议大家选择纯软头的笔尖，那些笔尖过于细长、柔软的美文字笔或秀丽笔不容易掌握。大家可以选择笔尖 1～2mm 长、笔头较硬的美文字笔或秀丽笔。笔头应选择有筋性、有弹性的，真正类似毛笔的笔头不太好控制，不适合初学者使用。在绘制时要注意，勾完轮廓不要立刻用橡皮去擦除铅笔痕迹，也不要用手蹭画面，防止画面被污染。

2.1.4 彩色铅笔

彩色铅笔（简称彩铅）是画时装画的常用工具，相比其他工具，彩铅比较清新淡雅，笔头细小，笔触大多取决于纸张的纹理，轻画粗糙浅淡，重涂也能浓郁细腻。通常我们习惯叠用彩铅、马克笔或水彩笔来刻画细节。彩铅有很多种类，水溶性的彩铅可以用来画水彩画，颜色比较"粉"（亮度较高且饱和度较低），油性的彩铅相比水溶性的彩铅颜色更鲜艳，笔芯含蜡，上色后有光泽，耐光性也不错。除此之外，还有粉质的彩铅，这个不太常见，类似于色粉笔，颜色无光泽，画在纸上笔触呈粉状，线条可以用手、纸笔、棉签或纸巾等揉开。由于粉质对纸张的附着力不够强，故想要作品保存得久一些需要喷定画液。如果不是用来画水彩画，尤其是和马克笔叠用时，我推荐大家购买油性的彩铅。

市场上各类彩铅的品质良莠不齐。有些比较廉价的彩铅含色量少，笔头硬，刮纸，不易上色，也没有办法叠加色彩。不过，彩铅也不是越软越适合画时装画，太软的彩铅比较厚重，铅芯较粗，不易深入刻画细微处。建议大家选择软硬适中、色彩鲜艳的彩铅。对此不太了解的人可以先去画材店试一下手感，看看彩铅是否容易上色、能不能叠涂、刮不刮纸、笔头硬不硬、是否容易断铅等。

2.1.5 马克笔

马克笔是画时装画最常用的工具之一。它使用起来很方便，不限纸材，各种素材都可以上色。马克笔有酒精性、油性、水性等类型。其中，油性马克笔干得快、耐水且耐光性好，颜色多次叠加不会伤纸，比较鲜艳。酒精性的马克笔是最为常见且应用最广泛的，它可以在任何光滑的表面书写，同样速干、防水，且比油性的马克笔环保。酒精马克笔的主要成分是染料、变性酒精及树脂，墨水具有挥发性，应于通风良好处使用，使用完盖紧笔帽，远离火源并防止日晒。水性马克笔颜色清雅、亮丽，有透明感，但多次叠加颜色后会变灰，而且容易损伤纸面。用蘸水的水性马克笔在纸面上涂抹，效果跟水彩类似。在购买马克笔时，一定要知道马克笔的属性，不要选错。我推荐大家购买酒精介质的马克笔，相对来说环保、好用，性价比高，种类、颜色也丰富。

最早的马克笔为硬头，也就是纤维性笔头。之后推出的软头的马克笔，笔头类似于大号秀丽笔，是发泡型笔头，可以很好地进行渐变绘画、渲染、融合。马克笔一般有两头，一粗一细，粗头适合空间体块的塑造及大面积的平涂上色，细头用于涂画细节或勾勒点缀。纤维型笔头的笔触硬朗、爽利，色彩均匀。高档的纤维粗笔头设计为多面，随着笔头的转动能画出不同宽度的笔触，细笔头不易晕开，稍微用力则侧锋稍粗，轻提则稍细，可有细微变化。而发泡型笔头较纤维型笔头的变化更加丰富，笔触柔和，按压顿涂则浓郁鲜艳且线条粗实，轻画渐染则清雅细腻，可以很好地绘制多色或单色渐变，绘画自然、舒适，可以更好地叠加与融合，同时更易于掌握和表现。尤其适合表现细腻自然的部分，比如人物、毛绒质感、透明质感等。相比硬头马克笔，软头马克笔更好控制。

建议肤色系买一套软头的，颜色可以自配，也可以选择成套的。若选择单支，比如比较喜欢画浅肤色，可以准备一个冷暖、色相由浅至深的 3 ～ 4 支肤色，分别绘制亮部、过渡、暗部及深色投影（注意不要买过于偏红或偏黄的肤色）。之后再准备一支很淡的暖粉色用于绘制腮红。同时，配深、浅两支唇色也可以（当然未必非要选择软头），唇色通常选择深、浅暖粉色，要比腮红深，饱和度不要过高，否则会显得不自然。最好配几支发色，如深棕色、浅棕色、褐色及土金色等，来绘制头发及眉毛。

绘制服装的马克笔选择硬头或软头的都可以。若购买成套的马克笔，基础色至少要买30 ～ 40 色，之后可以挑选一些自己喜欢或常用的淡彩色、灰度色等饱和度低一些的柔和的颜色。当然，建议全部颜色都购买软头马克笔，毕竟软头相比而言更好掌握一些，进阶也可以绘制出更多的层次和效果。选购前建议先去试一试，选择一款不易洇墨、颜色均匀、易于融合，笔头有弹性、有韧性，不易干裂、变形，笔内墨水适量不会过多或干燥的。

值得注意的是，大家千万不要把水彩笔、记号笔等和马克笔搞混。市场上售卖的记号笔颜色单一，水性记号笔可以在光滑的物体表面或白板上写字，用布就能擦掉，和水性的马克笔类似。油性记号笔在光盘、玻璃、瓷器、木材、金属、塑料等表面都可以书写且极难擦除，多用于书写或绘制简单的标记。水彩笔笔头圆滑、坚硬，虽然颜色丰富，但不易叠涂融合，达不到马克笔的绘制效果。在这里提醒大家不要选错！

2.1.6 高光笔

绘制高光一般有几种方式，包括利用留白（直接留白或用留白胶）、使用高光笔、用白墨汁或涂改液等。最常见的就是直接留白以及使用高光笔处理高光。留白不太好控制，不小心画过了或者太细小的高光都不便通过留白来操作，这时就是高光笔大显身手的时刻了。

高光笔有白色的，也有带点荧光或淡彩的粉彩笔，可以绘制出一定的高光效果。在选购高光笔时，注意挑选走珠笔尖，也就是形似签字笔样式的高光笔，不是油漆笔。尽量选择覆盖力强、中等粗细、出墨均匀流畅、水分足且不易断墨的白色高光笔。市场上有些高光笔"水很大"，画在纸上出水很足，刚画上时看似覆盖效果很好，但是过一会儿就会渗入纸中，洇成一块浅淡的白色。还有的高光笔开始用时很流畅，画两次就开始"卡壳"。购买前大家可以先试一下，试的时候最好画在干透的马克笔迹或水彩笔迹上，油性彩铅是不易被高光笔覆盖的。

2.1.7 水彩

水彩时装画也深受时装画爱好者的喜爱。在绘制水彩时装画时，通常会使用到各种型号的水彩毛笔、自来水笔、留白胶、固体或管状水彩颜料调色盘、洗笔筒、水溶彩铅，有时也可以使用粗盐、闪粉等辅助渲染效果，还可能会用到阿拉伯树胶、牛胆汁等媒介剂。

初学者可以选择中等价位的水彩颜料，为了方便使用，不浪费，大家可以购买 24 色以上的固体水彩，一般是小方块状的颜料组合套装，比较便携，可以搭配自来水笔使用。管状的水彩颜料相比固体水彩颜料而言虽不够便携，但是可以塑造出更为丰富的层次和效果，表现出更为浓烈的色彩，甚至制造出小的肌理，也有很多大师级的管状颜料，简直可以论克卖了。在这种情况下，为了防止浪费，建议先购买试色卡或选择搭配好的较高级的水彩分装组合，价格不算高，每种都有一点，方便大家尝试。

大家要了解颜料的色素含量，相对来说，色素含量越高，颜料相对也就越容易上色，通常价格也更高。有些圆饼状的颜料，对于儿童或初学固体水彩的人来说很难使用，色素含量低，质感很"粉"，颜料也不能够和水很好地结合，画出来的画面颜色灰暗浅淡，不易着色，显得很"粉"。

对于水彩毛笔的选择，就要看你是不是笔头水彩的热衷粉了，如果是浅尝辄止或者便携使用，推荐自来水笔。当然，如果你是进阶的画者，推荐各种型号的水彩毛笔。水彩画笔需要有一定的弹性和含水能力，如松鼠毛、狼毫、貂毛等，吸水性都很好，笔锋粗细变化更为丰富。动物毛发的水彩画笔一般会比尼龙的水彩画笔贵一些，也更好用，不易分叉，吸水力更强。扁头水粉笔、国画白云笔等也都可用来画水彩画，可以根据自己的情况选购。

当然，愿意多尝试的人也可以试一试水溶性彩铅和水性马克笔。水溶性彩铅很常见，不过绘制时记得要使用水彩纸，否则不易操控绘制。

2.1.8 彩色纤维笔

彩色纤维笔的笔头很细，颜色丰富，有的类似于针管笔。棕色和黑色的纤维笔有时可以代替针管笔用来勾画细线，彩色的纤维笔也很适合弥补马克笔由于笔头较粗无法深入刻画细节的缺点。购买时注意纤维笔是否防水，如果不防水，在使用时需要尽量避水使用。不过，虽然不是防水的笔，有些也是可以和马克笔一起叠涂的，这里提醒大家还是尽可能等笔迹干透再叠加绘制。

2.2 ▸▸ 纸张与其他工具

2.2.1 纸张

　　绘制时装画不同于艺术创作，一般会选用肌理不太明显、表面相对平滑的纸张。绘制时装插画可以相对强调风格，选用牛皮纸等带色纸张或者肌理丰富的纸张均可。

　　用马克笔绘制时装画通常选择克数较大的白色打印纸，以 80g/m² 以上质量较好、不偏色的为宜，大小是 A4 或 A3。初学者可以先从 A4 大小入手，掌握绘制方法后可以逐渐选择更大或更小的纸张，练习更深入的细节和微小处的点睛。当然，我们也可以选择马克笔专用纸或者漫画纸（如肯特纸等）。纸张品质参差不齐，有的吸水力太强，马克笔一沾即洇，很容易晕开，不好绘制；有的纸面过于油滑，不好晕染，用马克笔上色，排线不好衔接，颜色没法融合，显得笔触生硬；有的纸有杂质，纸张上有细小的斑点，上色后便会呈现出不均的白斑；还有的纸质不均，更是难以掌握，不容易绘制出好的作品。在大量选购前，我们最好先在实体店试一试，找到一款不容易过分洇的合适的纸张。马克笔相对来说很容易洇，经常会洇透纸背，污染下面的纸张或画作。所以在使用马克笔绘制时一定要注意，纸张下面要记得用白纸或没用的纸张铺垫，以防弄脏。当然，也可以把画板架在腿上，半立着绘制，这样更容易避免纸张透视带来的视觉误差。

　　在绘制彩铅时装画时，纸张的选择和用马克笔绘画时纸张的选择类似，越是细腻平滑的纸张越容易刻画细节。素描纸不是特别适合用来绘制时装画。水溶性彩铅和水彩通常在水彩纸上使用，目前市场上用来画水彩画的纸张比较多，有粗纹、中纹和细纹之分。水彩画用纸比较讲究，它对一幅画的效果影响很大，同样的技巧在不同的画纸上的效果是不一样的。理想的水彩画纸，纸面白净，质地坚实，吸水性适度，着色后纸面比较平整。对于纸纹的粗细，根据表现的需要和个人习惯，绘制时装画可以选择细纹或中粗纹，不要选择质地太过粗糙的，粗纹的纸张吸水性太强，不易干。噪点相对较小，纸面相对平滑的水彩纸更易刻画细节，干的速度更快，缺点是晕染的时间较短。

2.2.2 其他工具

　　在绘画的过程中，通常我们还会用到画板、直尺、画夹、夹子、图钉、胶带及透写台等。固定画纸的工具是配合画板使用的，画板一定要买比画纸大一圈的，直尺也最好买 30cm 的，因为 A4 纸的长边为 297mm 左右，所以太短的直尺使用不方便。透写台是特别适合初学者或者时装画效果图相关工作者的工具。透写台有各种尺寸，如可调节灯光的。透写台也要买比纸张稍微大一圈的。透写时通过纸下给光，可以透过上面的纸张看到下面纸张上勾勒的线条，然后在上面的纸张上直接描画出重合的线条，即完成了透写。透写可以在绘画初期阶段，还无法直接临摹需要拓画时使用，也适合时装画从业者大批量描画人体模板或服装，之后在此基础上改动设计使用。

　　当然，也鼓励大家尝试更多样的画材，比如水粉、丙烯、色粉等，时装画很多时候也会用到拼贴甚至综合材料。更丰富的时装画世界等着你来探索，那就让我们一起出发，从基础到进阶，一步一步地领略时装画的魅力吧。

Chapter 03

时装画中的人体比例
结构及动态

3.1 ▸▸ 女性人体比例结构

3.1.1 女性人体的正面、背面和侧面

　　女性人体在时装画的绘制中最为常用，从下图中我们可以看到女性人体的基本框架。良好地把控人体的比例结构，掌握人体的形态是画好时装画的基础。我们可以从正面、背面、侧面进行对比、衡量，观察女性人体各个部分的结构、形态，建立对女性人体立体结构的理解，以便之后绘制时装画时能够更好地掌握给人物"穿衣服"的要领。

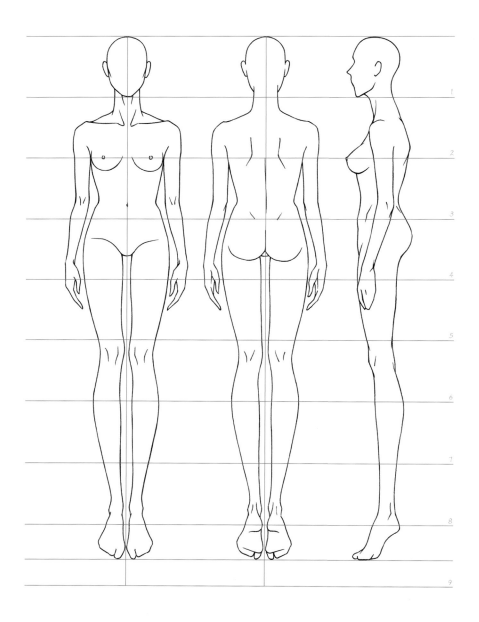

在通常情况下，普通人的身高一般是 7 个头的高度，也叫 7 头身，而模特一般是 8～9 头身。这里说的"几头身"以头的高度为计算标准，也就是说，7 头身是指整个身体（算上头）一共有 7 个头的高度。这点一定要注意，否则很多人容易把人物画得过于修长，这都是由于理解的偏差造成的。我推荐大家找 8.5 头身的位置，也就是说从头顶到脚掌落地点一共不到 8.5 个头，算上脚尖差不多就是 8.5 头身，这样绘制的人物看起来既自然比例又好。

3.1.2 绘制女性人体

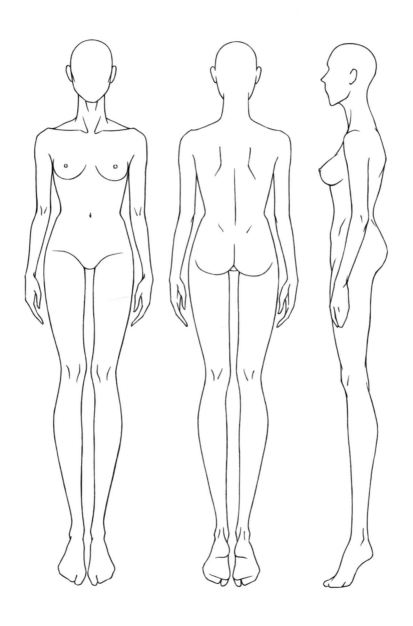

　　在绘制时装画时，可以先确定最高点和最低点，之后引出一条中垂线来保证模特的身体不倾斜。尽量用长、直、流畅的线条将人体的结构用简单的几何形体概括。头部可以概括成两侧较方并向下稍有回收的椭圆，与之相连的颈部概括成矩形。上半身的躯干部分呈倒梯形，倒梯形的长边就是锁骨的大概位置，肩斜线则从颈项的底部与倒梯形的宽边两角相连，呈现出斜方肌的大致轮廓。从腰部到胯部可以概括为正梯形，模特身材较瘦，腰部最细处下面并非直接过渡到胯部最宽处，而是有左右两个突起——髋骨的上部。从髋骨的突起可以看出腰部的倾斜角度，且与胯部最宽处的倾斜角度是一致的。腰部的斜线差不多在第 3 个头的 1/3 处，胯部的倾斜线差不多在第 3 个到第 4 个头的位置。

接下来确定四肢的形态与位置。手臂与手部的总长差不多 3 个头长，大臂和小臂的长度几乎一致，而手部的伸直状态差不多是一个脸的大小，约 3/4 头长。人的手部通常处于放松的状态，差不多半个头大小。综合下来手臂差不多有两个头长，手部约半个头长，共约 3 个头长。手肘的位置在大小臂之间，差不多在腰部的位置。手肘一定要有骨感，用肯定的、硬朗的线条来刻画。肚脐的位置大概在手肘、腰部的位置。切忌将女性的胸部画成两个圆圈，弧线的形态需要大家好好学习，乳头一般会在第 2 个头的位置上。具体形态位置大家可以参考示范，并临摹学习。

在画画的时候讲究"宁方勿圆"，线条圆中带方，流畅又不失结构。即使是女性人体也要体现出筋骨和结构的特征。以 8 个半头身为例，腿部约占 4 个头长，算上脚踝的脚部则占 1 个头长。放平的脚长大多是 1 个头长，而在走秀状态下模特一般是穿着高跟鞋的，所以脚掌部分落地，其他部分倾斜抬起，不足 1 个头长。但一般人们会选择绘制平视的走秀模特，也就是视平线在模特腰部、胯部左右的位置，脚部会出现小的俯视效果，所以综合角度的透视等情况，穿着高跟鞋的脚部算上脚踝一般有 1 个头长，不穿高跟鞋算上脚踝约 1/3 头长。一般来讲，大小腿的长度一致，膝盖在大腿到踝部之间。但是在选模特时往往会挑选小腿更长的，这样会使整个腿的比例显得更加修长。所以我们在画腿部时可以选取 4 个头长作为腿部的长度，膝盖画在 2 个头长的位置。这里 4 个头长指的是除去踝部后腿的长度，因此在画完脚踝后小腿会比大腿略长，又不会显得比例失调。

四肢的形态要特别注意肌肉的位置和转折点。四肢的肌肉鼓点一般都不在中间位置，很多人习惯把小臂和小腿画得过于臃肿，线条左右对称，在一半的位置上鼓起，这是对人体结构不够了解导致的。我们可以自己摸一摸自己的手臂和腿部，肌肉一般都不在其 1/2 处，内外两条线也不是对称的。就女性而言，大臂（也称上臂）比较明显的肌肉有三角肌和肱二头肌。从外面看，三角肌连接着锁骨的肩峰端，向下与肱二头肌交会于上臂的 1/2 处靠上一点。小臂一般一侧线条较为平顺，另一侧可以较为清晰地看到肌肉的鼓点。小腿肌肉往往内侧较低，差不多是小腿的 1/3 处，而外侧的肌肉转折位置较高，一般而言是 1/4 左右。鞋跟的高度不同，小腿肌肉的位置也有所不同，鞋跟越高，肌肉也就相对上提。膝盖处一般内凸外凹，当然大家也要掌握好这个度，流畅的线条需要与转折处鼓点的硬朗和明确相融合。

大臂的形态类似于一个倒的瘦长的阿拉伯数字"8"，相对而言，在画女性模特时，三角肌要比肱二头肌明显，而大腿的形态则偏向于一个瘦长的倒梯形。小臂及小腿比较相近，均类似于一个瘦长的菱形。手部在放松状态下可以概括为一个菱形，手背类似于一个梯形，手指部分是个倒三角形。手背和手指的长短差不多 1:1，手指不要画得过细或过长，也不要把手画小了。画小、画瘦的问题也经常出现在足部的绘制上，脚踝下的脚部可以概括为一个瘦长的梯形和一个倒三角形，并且脚尖的位置通常在靠近脚内侧的 1/3 处。

人脸部宽度约 2/3 个头长，肩部除手臂外也是倒梯形，长边长度约两个脸宽，算上手臂的肩宽，约两个半脸的宽度（注意：脸宽不算上耳朵的宽度，而头宽算上耳朵的宽度），腰部约约 1 个头长。此外，特别要提醒大家，人体几个比较细的部位的粗细要有比较，要适当。比如脖子，女性的脖子差不多有多半个脸宽或半个头宽。天鹅颈固然好看，不过千万不要画成芭比娃娃的小细脖子。手臂的最宽处差不多有半个脸的宽度，而大腿则约一个脸的宽度。膝盖处一般和脖子差不多，略细一点点，小腿最宽处则与脖子趋于一致。脚踝比手腕粗，脖子比脚踝粗。

除此之外，应特别注意各部分之间的前后关系，这个需要通过线条的穿插来体现。观察自己的身体及旁人，可以看到各器官部位的组合方式及运动习惯。头部的线条压着脖子，锁骨压着斜方肌，这些比较直接的叠压关系大家都明白，但细化到一些不太明显的地方就容易搞错。比如手臂，一般都是向前摆动，小臂在前就叠压着大臂，手又在手腕前，所以大拇指向上延伸的线和手腕交会时要压着手腕。当然，要注意叠压的线条不要过长，突出一点即可。还有很多类似的例子，比如腿和脚的组合，腿在走动时都是向后拐，故大腿压着小腿的穿插关系，因为大腿在前，而脚又在脚踝突起处的前面，所以脚背压着脚踝。又如躯干部分，一般而言，手臂放在身体两侧时胸部在大臂前，故而身体压着大臂，但往上延伸至肩部，二者又相连，所以要注意胳肢窝位置身体各部位的关系，需要留白多少或交叠多少，需要更加认真地临画学习。

3.2 ▶▶ 男性人体比例结构

3.2.1 男性人体的正、背、侧面

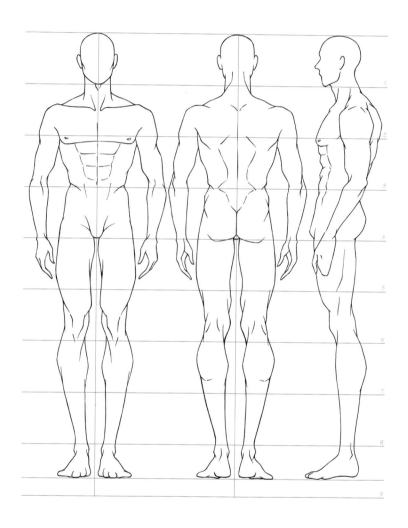

　　学习男性人体的比例结构时可以对照女性人体的比例结构。从图中可以看到男性人体的基本框架，很明显，男性的身材和女性有所不同。男性人体肩宽、胯窄、肌肉结构明确，线条看上去也更"方"。在学习绘制男性时，要从正面、背面、侧面进行对比、衡量，观察各部分的结构、形态，建立对人体立体结构的理解，包括肌肉的走向和不同角度产生的不同视角，以便绘制时装画时能够更顺手。

　　通常情况下，模特8～9头身这个大规则不变，推荐大家画8.5头身左右。不同于女性人体，男性人体更宽，很多人在绘制时容易把人物画得过于细长、柔美，这是因为对肌肉的认识不够。绘制女性人体尚且需要"宁方勿圆"，绘制男性人体就更要求运用更加硬朗的线条，万万不可使线条太过柔、圆，少了男性的特征。并且，男女身材不同，结构也不同，大家一定要注意分析和比较，绘制出其应有的性别特征。

3.2.2 绘制男性人体

　　和绘制女性人体的步骤一样,先要确定最高点和最低点,之后引出一条中垂线来保证模特的绘制不偏离方向。尽量用长、直、流畅的线条将人物的结构用简单的几何形体概括。区别于女性,男性的脸部可以比女性略方一点。男性的腰部比女性的宽,会比1个头长更长,胯部差不多有2个脸宽。男性整体躯干的矩形要比女性的大,肩更宽,不算手臂约有2个半脸宽,算上手臂就有3个脸的宽度了。男性人体的肌肉更大、更壮,但腰臀差不如女性明显,腰部到胯部形成的梯形比女性更趋向于矩形,也就是说这个梯形的长短边长度差较小,并且线条也很硬朗,直线的运用比弧线要多很多。

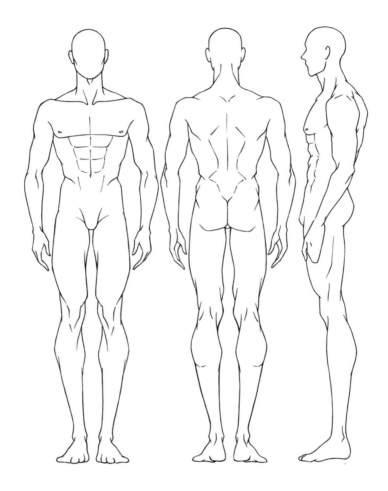

　　男性整体比女性更高,所以比例也稍有不同。比如,男性的裆部差不多正好位于第4个头的位置;手肘、腰部大致位于第3个头的位置;肚脐大约在第3个头上面一点的位置;乳头在第2个头下面一点的位置;手臂下垂时手腕差不多从第4个头的位置开始,手部位于第4个头和第5个头之间的位置;膝盖在第6个头上面一点的位置结束;脚踝从第8个头的位置开始,脚部算上透视,被压扁到约半个头的长度,当然,从侧面看还是原1个头长,也可以再稍大一些。男性的脖子、手臂、大腿也都比女性的粗壮很多,肌肉形态也更加夸张,这个时候穿插关系格外重要。正确理解肌肉的位置和形态才能画好身体结构和肌肉间的穿插。男性肩宽,手臂也壮实,手臂约半个头宽。而男性的大腿差不多一个脸宽,肌肉的鼓点不在正中央,这个之前也是强调过的。大腿的肌肉鼓点靠下,小腿的肌肉鼓点靠上,而且内外两侧也稍有上下,这样的肌肉线条才好看,中间鼓肚子的线条可不是黄金分割。当然,男性肌肉含量高的特点不仅体现在四肢上,也包括躯干和脖颈,上图中男模特的脖子和脸差不多一样宽。男性的腹肌也是相当明显的,一般有6~8块肌肉,这些肌肉的形态也都比较趋于矩形,方正硬朗,线条爽利。男性的腰部有肌肉,所以呈现出来的不是和女性一样顺滑的曲线,其臀部的形态比女性更"方"。由于男性肌肉体块明显,也就使得穿插关系更加丰富、复杂,需要我们好好观察,认真学习。此外,绘制男性硬朗的线条也不能过于生硬,所以大家要练好有筋骨、刚柔并济的线条。

3.3 ►► 人体动态

3.3.1 动态讲解

绘制带有动态的人物其实并不难，我们需要找到人物的动态线，就像画人体的速写一样，快速找到这个人的动态特征，把握人体大致的结构和动态曲线，之后进一步深入即可。

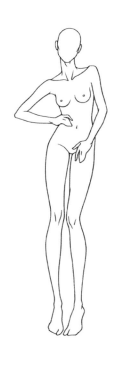
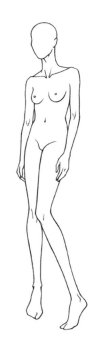

处在动态中的模特头部不一定是直立的。从之前大家看到的范画可以看出，人体中线会贯穿模特的头顶、肚脐，一直延展到双足之间，保持稳定、对称。而处于动态中的人物怎样才能够做到重心落地，保持好平衡、稳定呢？这里告诉大家一个常用的小技巧，适用于相对正面的模特。首先找到他的锁骨窝，穿过锁骨窝引一条中线，这条辅助线一般会落在双脚之间，也就是所谓的重心。

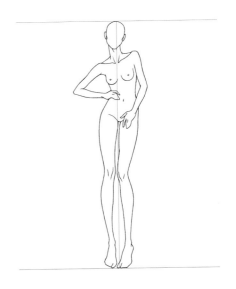

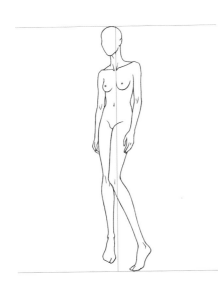

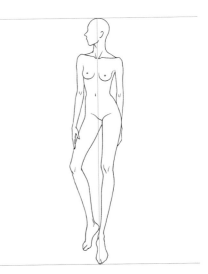

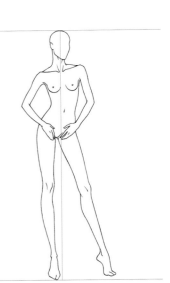

把握动态除了要找到重心，能够准确地总结出动态线也是非常重要的。动态线其实主要勾勒的就是脊椎的走势，这个线条是顺滑流畅的，连接着头部的中心（头面向正面时），贯穿颈部、锁骨窝，并且与腰、胯的中心相连。

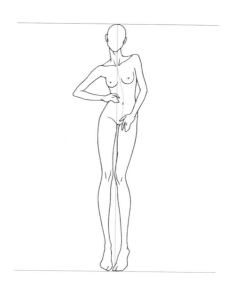

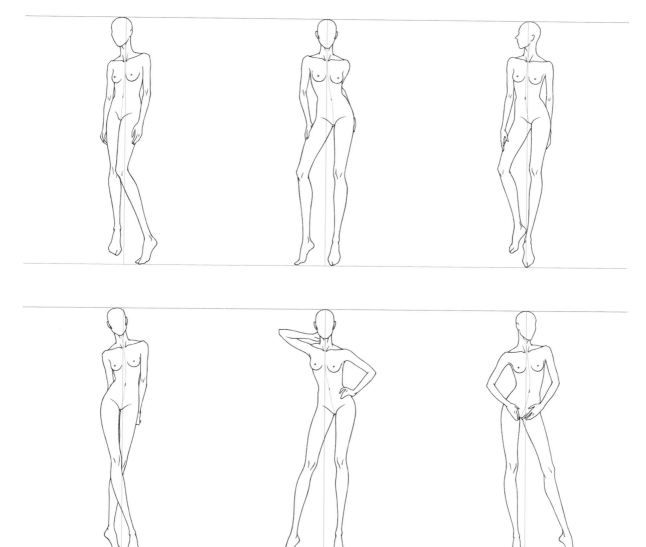

找出动态线并确定肩部以及腰、胯的倾斜角度。这几根线可以用直线概括，腰部的斜度通常是遵从胯部倾斜角度的，且腰、胯的倾斜角度与肩部倾斜的角度相反。这3条重要的辅助线在一定程度上与动态线垂直，形成人体大的躯干的动态形。之后，可以绘制倒梯形确定上半身，绘制正梯形确定下半身。两个梯形的长边分别是肩部斜线和胯部斜线，正梯形的短边通常会成为腰部的斜线。当然，有时动态幅度过大，腰部的斜线也可能处于两个梯形的短边之间。髋骨上部左、右突起的连线，绝对会和胯部斜线倾斜角度一致。这两个突起与腰部相连，在绘制时可以先描画好流畅的腰臀，之后再画那两个小的突起。

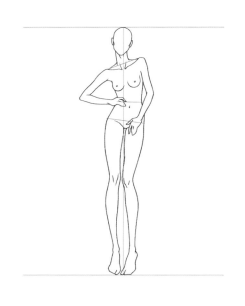

除此之外，还要确定脖颈的粗细与位置，若正面朝前，头部正直，那么脖子和头部的中心合并；如果头部倾斜、转动，那么只要记住脖子的中心就是颈椎这一点，头和颈椎随着动态线扭动即可，千万不要把脖子和脑袋画脱节。

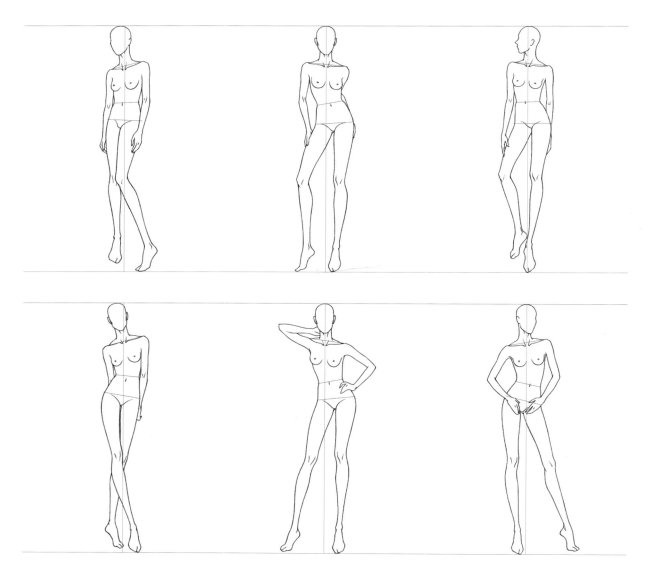

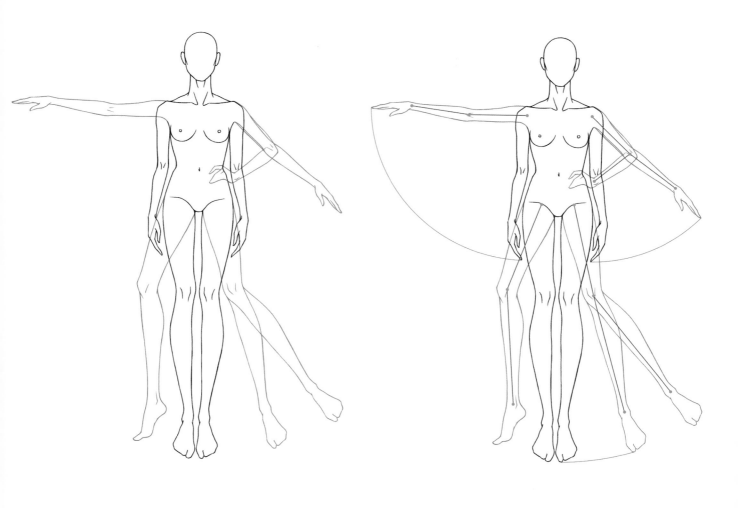

　　在确定躯干后，开始绘制手臂和腿部的动态，之后是手部和脚部。用长直线来描画，可以用双线或矩形、椭圆形等简单的形态来概括，也可以用单线绘制大的动态。大的比例永远不变，包括手臂和腿部，左右摆动并不会受到影响，只要没有前后摆动的透视，都可以按照之前介绍的头长来衡量比例。如果有透视，规律就是：前后摆动从竖直下垂到上抬呈 90° 角的过程中，越往上抬，透视越大，长度也就越短，超过 90° 再往上时，越向上，透视越小，长度越长。举个例子说明一下，手部下垂在身体两侧，手臂自然向下时，我们可以看到一条完整的手臂，手臂向两侧抬起，长度依旧不变，但手臂向前抬起时我们就会看其透视加大，越来越短，直到抬到手在最前面把手臂都挡住，手臂几乎看不到了，这时候再向上抬，直到抬至 180°，手臂逐渐变长。

　　同样的道理也适用于腿部。大小臂拆分开与大小腿拆分开的道理也是一样的。手部和脚部也是这个道理。这就方便大家理解不穿高跟鞋的男性人体的正面脚部看起来比女性的脚部短，而从侧面看却是成比例的。绘画时一定要养成立体的思维，这样有助于理解人体结构，便于之后学习动态的延展。分析图中给大家标明了身体的框架和四肢的动态线，供大家参考。

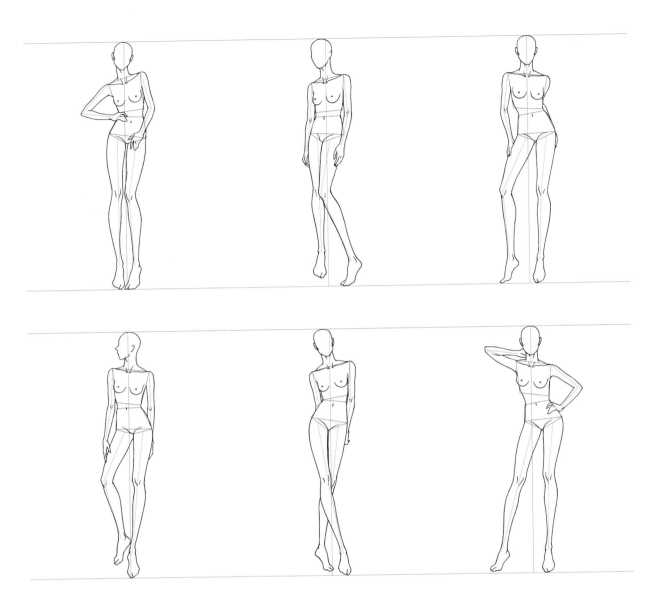

　　辅助线基本上可以确定模特的动态，只要逐步深入细化就可以了。在绘制动态模特时，可以适当地夸张模特的姿态幅度，这样更利于展示服装。

3.3.2 女性走姿绘制

女性人体走姿的绘制十分常用，我们平时画的效果图往往参考的是走秀图，因此大多为走姿。这部分内容主要以前面介绍的人体结构与动态为基础，因此能帮助大家更好地掌握走姿的绘制。

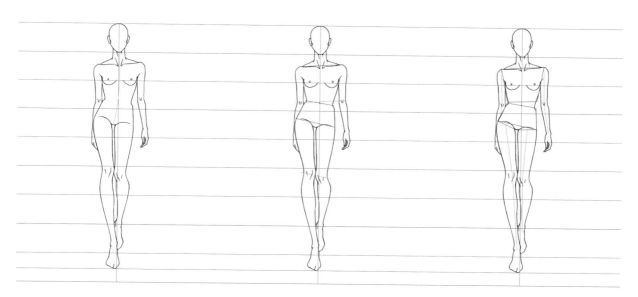

下面遵循动态的绘制方式，补充几个常用的小规律。对于简单的走姿，模特的动态幅度不大，动态线几乎是一条幅度不大的弧线，贯穿脸、颈、身体，重心也贯穿于锁骨窝到双脚之间。两条手臂在摆动幅度都很小的情况下，两个手肘相连的直线的倾斜角度和肩部斜线是一致的。如果两条手臂都是自由摆动的状态，左右大臂不论是对称摆开，还是平行向某一方（无论前后、左右）摆动，只要幅度一致，那么两个手肘相连的直线的倾斜角度和肩部斜线也是一致的。腿部动态的规律亦如此，如果大腿动态幅度不大，或者前后、左右摆动的幅度一致，那么两个膝盖相连的直线的倾斜角度就会和胯部斜线一致。如上图中示范的这样，这些规律是比较常用的。还有一点，模特走动时一般都会一条腿在前，一条腿在后。若走动幅度不大，后面的腿抬起时我们往往能看到更多的脚面。若走动幅度较大，当将腿抬至腿部遮住部分脚面时，就会露出较小的脚面了，并且离得越远，脚部在透视的关系下显得相对更小一些。

女性走姿的示范分析图不仅给大家画出了头长和身长比例，也给大家标明了身体的框架和四肢的动态线，可以对照理解、学习参考。

3.3.3 男性走姿绘制

男性人体走姿同样应用广泛。本页展示的是男性走姿，和女性的走姿动态相反，也就是肩、腰、胯各个斜线的角度相反，不过道理是一样的，这里多画几种姿势供参摹。

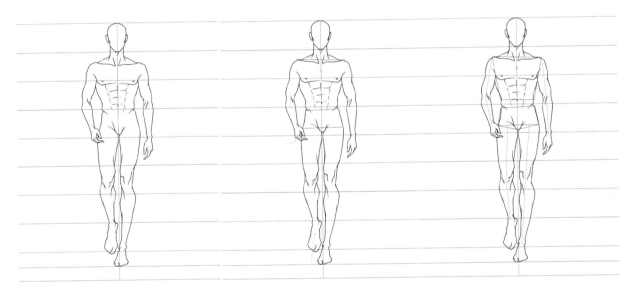

男性走姿的示范我特意将手臂和腿部摆动加大，并让左右有所不同。通过观察可以了解到，这个男性模特的手臂和腿部各部分的长度并不一致，因为模特的手臂摆动幅度不一致。这种情况就与之前所说的一样，向前、向后抬起90°以内是越抬越短小，抬至90°全部遮挡，再抬高就会反过来，从短至长。左右摆动长短不变，学会立体地分析、观察。大家观察示意图可以看到标注出来的摆动曲线，这是左右肢比较而言不同幅度的摆动，也就造成了两边长短、形态的不一致。除此之外，还要强调近大远小，其实就是透视的基本规律。不过人体最长也不过一两米，所以不会有特别大的透视，尤其是在绘制普通视角的走姿模特时，近大远小体现得很细微，不要画得左右两边不对称，比例失调。

本页示范的男性由于没穿高跟鞋，所以落地的脚部水平朝前，几乎平行于地面，透视大，看起来被压得很扁。与向后抬起的腿相连的脚部因为相对竖直，看上去垂直于地面，故而露出的脚面更多，看起来更加修长。这个也是需要大家注意的。还有一点要强调，就是人物的手、脚不要千万画得太小了，否则画出来的效果看起来很初级。手、脚是除了脸最考验大家绘画能力的。在大的形体问题解决完之后，除了头部的深入，手和脚的练习就是最为关键的了。

Chapter 04

时装画中头部及五官的绘制

头部五官比例分析

　　绘制头部要从整体入手，和绘制身体的方式一致，可以先用稍长的直线来"切"出模特的头部轮廓。这种绘制方式更适合初学者，可以绘制出方圆结合的线条，避免画出看上去比较简单且没有结构骨架的大圆脸。相对来说，我们绘制的模特都比较苗条，欧美人通常脸比较小，综合来看显得脸部比较有棱角，男人、女人皆如此。一般男性脸形相对更方一些，也就是下颌角比女性稍大，女性则稍圆润一些。在用线条"切割"面部轮廓时，要注意各条线细微的角度变化，以防画成大方脸。整个头部类似于一个较竖长的八边形，像是一个瘦长的倒梯形切掉了4个尖角。刚开始绘制时可以先用4条直线"切"出一个倒梯形，在此基础上去掉尖角，转换为八边形。之后再进一步圆滑其边角，使之看上去线条圆滑，但筋骨犹存。在绘制头部时，还应注意模特颧骨的形态。在确定了大体脸形之后，颧骨微微突起，呈现出一个小的遮挡。这条颧骨的线条和脸部遮挡呈现的夹角很小，最多不超过15°，否则将角度画得过大，不符合人的结构形态。

　　前面我们是把头和脸分开讨论的，这比较方便之后的讲述。通常我们所说的头部就是整个脖颈往上的全部，而脸部就是从发际线往下至下巴，左右不包括耳朵的部分。眼睛一般处于头部的中央，也就是头顶中点到下巴中点连接线的1/2处，画一条水平线与头部中线垂直，眼睛差不多就在这条中线上。不同的人有不同的样貌，但眼睛大都处于这条线上，只是有的靠上一点，有的稍微靠下。发际线一般处于上半部分的1/3处，也就是将眼睛所在这条线到头顶的距离三等分，从头顶往下的1/3处，其实差不多是整个头的1/6。注意，这里所讲的1/2是整个头部的，如果是整个脸的1/2处，那么眼睛的位置就太靠下了。

　　再来说"三庭五眼"。"三庭"说的就是脸部，是指将发际线到下巴这个区间三等分，额头即发际线到眉毛占1/3，眉毛到鼻底占1/3，鼻底到下巴占1/3。而耳朵和中间的1/3对应，在平视时位于眉毛和鼻底之间，由于耳朵靠后，所以可以将其画在正好介于中间的1/3处，也可以稍小一点。

　　"五眼"也常容易被搞错。这个"五眼"的比例是指将头宽五等分，而不是脸宽，也就是需要算上耳朵的宽度。从正面看，耳朵的宽度和外眼角到脸边缘的距离差不多，也就是半个眼睛的宽度。五等分划分出的5份分别为从左耳至左边外眼角、左眼、两个内眼角之间、右眼、右眼的外眼角至右耳。两只眼睛正好占据"五眼"的2/5。不过这不是标准比例，大体参考即可，毕竟人和人长相都不尽相同，会有细微的偏差。

　　我们在画普通的中青年时大都是以这个比例来绘制的。小孩的五官相对集中，额头较大，眼部可以低到头部1/2的位置。老人的鼻子通常更长，鼻唇沟也更长，相对来说骨骼、棱角更加明显，不及儿时的弹性和圆滑。

为了方便大家理解，我将脸部各个部位的具体名称写了出来（如图1所示）。图中展示了一个绘制完成的欧美模特头部形态以及五官。我们可以通过这个局部线稿分析各部分的穿插。额头至颧骨，穿插压着脸的下侧边，角度很小，点到即止。位于脸两侧的耳朵也是相对靠后的，所以被脸的边缘遮盖。耳朵本身也有前后关系，耳轮在前，对耳轮遮住耳轮，之后再次收回，耳垂连着耳轮，相对靠前。欧美人相对亚洲人，眉骨更加突出，眼窝更深，所以眉弓在前，上眼皮被遮挡。而上眼皮又压下下眼皮，从眼角可以很明显地看出二者的关系。

仔细观察图2，这张示范图中的辅助线概括了各部分形体的归纳形，以及简单的找到各条线位置方法。从图中可以看到，独立的眉毛被概括成一条较水平的折线，由一条眉心处低而外延高的长线和一条短线组成，中间的折点正好对准上下眼睑的两个折点。而眉毛的结束点，正好落在外眼角往上放射延伸的直线，以及下眼睑靠外的转折点到外眼角这节短弧线延长线的交点上。

这条辅助的延长弧线，也是眉弓突起的结束位置。眉心一般是鼻子向上延伸的尽头，比内眼角的位置更靠近中间，也就是说两眉之间是一个鼻梁的宽度，两只眼睛之间是一只眼睛的宽度。

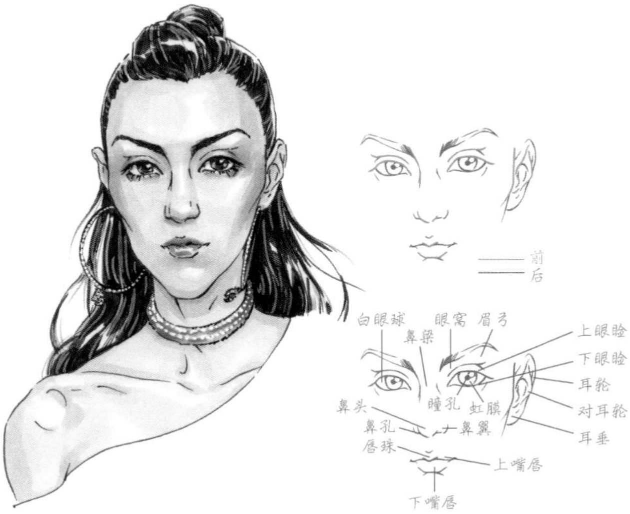

图1

眉毛有一定的粗度，但是要适度，不能过粗或过细，眉形可以在眉毛画法的基础上调整。男性体毛相比女性更重，眉毛往往也更粗，并且转折造型更简单、朴素。眉毛的生长方向相对竖直或倾斜，不是水平的虚线，也不要根根分明，那样看起来好像有几根眉毛都数得过来。我们在勾线时，重点勾画眉心，画出少量毛发的感觉，之后渐变减少，眉毛的尾端可以轻勾其形态，之后上色即可。

绘制眼睛时要注意，内眼睑朝斜下方有个小突起，之后呈现出一个不太对称的叶形。整只眼睛可以用6个点来概括，除了内外两个眼角，上下各有两个转折，不过位置不同。上眼皮靠近鼻子的两条折线稍长，靠近眼尾的稍短，总体趋势呈一个向上的弧形，包裹住鼓起的眼球。下眼皮则大不相同，靠近内眼角的小短线相当短，是为了绘制眼角的小突起而存在的，中间的折线最长，也相对水平，眼尾上提，被上眼皮遮住。靠外的这个转折很关键，从哪里开始上提的点在一定程度上决定着眉毛的长度，而这个转折一般处于下眼睑总长的1/3处。

此外，图中绿色的辅助线，也就是外眼角往上放射延伸的直线——与眉毛结束点相连的这条线的底端，正好是下眼睑处表现卧蚕的位置。不要整根描画卧蚕，用短线带过，看起来会更加自然。

图2

从亚洲模特的示范图可以看出，相比欧美模特的眼部，亚洲人的眼窝通常较浅，亚洲模特的眼睛大体可以归结为一个菱形，有的卧蚕也不明显。眼皮是上压下，包裹住眼睛，这是确定眼睛大体轮廓的方法。

眼球一般不会露出整个圆，通常露出多半个，一部分被上眼皮遮挡。故而瞳孔的位置看起来靠上。在绘制虹膜时颜色不要过于单一，可用两个或多个颜色组合，这样才能更好地表现出眼睛的晶透质感和奕奕神采，显得水灵通透。

在绘制睫毛绘时，要成组绘制，不要根根分明，一般靠近内眼角的睫毛较短，靠外的更长。因为睫毛是自然生长的，不会那么整齐，注意要错落有致。从眼皮处放射着画，呈现出睫毛由粗到细的变化，显得更加真实。有些睫毛朝下生长，绘制这类睫毛会使人显得比较楚楚动人，而向上卷起的睫毛会使人显得比较精神、美艳。通常在绘制男性时不再绘制睫毛，过于突出睫毛会弱化男性的阳刚之气。

图 3

在绘制时装画时，头部只占很小的区域，所以鼻子也不用刻画得过细，点到为止。从图 1 中我们可以看出鼻子各部分结构的穿插关系，鼻头在前，鼻翼在两侧。图 3 中的线稿更是明确展示了鼻子各部分的穿插关系。不过在绘画时只需要绘制单侧鼻梁的一部分，点画两条小短线表明鼻底即可，鼻子的立体感通常用颜色来塑造。

有些人喜欢勾画两侧鼻梁、鼻翼、鼻孔，反而显得不真实。其实鼻梁也好，鼻翼也罢，都不像眼皮、唇裂线那样是裂开的，确有其线，而是不那么生硬的转折。鼻梁这条画一半的线要画在背光面，受光部分鼻梁的转折不明显，背光侧的转折相对明确。鼻底的短线尽量也用直线来画，不要画两个小圆圈。精致的鼻头一般不到一个眼睛的宽度。在图 2 中，虚线部分展示了从鼻头到两侧的弧度关系，在绘制时鼻头不是平的，而是稍微凸出来的。鼻翼也不是圆的，"宁方勿圆"这一点要时刻牢记，无论是鼻头、鼻翼还是鼻孔。图 3 的示范比较典型，鼻子看起来比欧美人的稍大，鼻梁稍低，鼻头有些翘起，可以看到鼻底更多的细节，以及鼻孔、鼻中隔、鼻翼、鼻头的穿插关系。

鼻子往下是鼻唇沟，不用特别刻画，注意不要画得过长。嘴巴的长度比鼻头长，一般为一个眼睛的宽度或者更宽一些。唇裂线不是一条直线，唇珠在前，是存在这样的穿插关系的。从图 2 可以看出，通常情况下，5 个点的连线就可以勾勒出唇裂线。上下嘴唇的转折处不太一样，上唇峰的转折相距较近，下嘴唇的转折点几乎是等分的 3 份。通常情况下，上嘴唇压下嘴唇，除非是下兜齿等情况。上嘴唇上沿比鼻唇沟靠前，下嘴唇遮挡唇底的凹窝，嘴角的小短线一般压在唇裂线前面。我们在勾勒嘴部时一般不会整体勾线，嘴角的短线也一定要短小精致，具体可以参考图 1 的线稿。

在画男性模特的胡子时，小胡子可参考眉毛的画法，大胡子参考头发的画法，渣渣胡子随着脸的走势，有疏密地点一些点，侧脸部分点一些小短线即可，然后上点浅灰色，暗部重一些，两侧或转折处浓密，一定不要画得太过平均，那样整张脸就平了。

4.3 ▶▶ 面部立体结构分析

　　在脸形上，欧美人通常棱角更分明，亚洲人的脸有的比较圆，没那么瘦长，这一点可以通过对比欧美模特的脸部示范和比较典型的亚洲的示范看出。

　　本节会给大家建立一个面部的立体模型概念，方便大家认识我们的脸，更好地理解脸部各个面的朝向和明暗，方便之后进行上色。我用不同颜色的线圈出了不同受光程度的大体区域，以常用的欧美模特为主给大家讲解，同时也会参照亚洲模特进行对比学习。脸部主要分为高光区域、灰度区域、暗部区域。亚洲模特的示范还会将灰度区域进一步拆分，由于其面部不像欧美模特的棱角起伏大，故而各区域的划分有些许区别。此外，还为大家单独拆分出了头发、眼部、嘴唇的高光进行分析，方便大家掌握。

　　从本节开始，引入光源这一概念，帮助大家理解体面与受光、背光。本节范例都假定了光源来自右上方，这也是最常见的一种光源设定方式。绝对的顶光会显得人物不够立体，以鼻梁为例，单纯的顶部来光鼻子的侧影左右深浅相同，而稍偏的顶光就会让鼻梁显得更立体，多出更多的灰度，背光的一侧更深，受光的一侧则稍浅。也有大平光、逆光、单侧来光等光源的设定，不过最适合初学者学习的就是稍偏左或偏右的顶光。在秀场的图片中，最为常见的就是这种或偏或正的顶光，不过即使我们的参考图是纯顶光，也可以自己将其主观调节到稍偏某侧，方便我们绘画。所以在绘制时装画之前，要先考虑光源的位置。有的时候还会出现副光源，在之后的一些案例中可以看到，人物的侧脸或者衣服上会被打上不同于物体本身的颜色，不过这些颜色都是附着于物体的、不脱节的、融合的颜色。副光源不能抢了主光源的明暗关系，但又有其不同的体现，相对来说比较难，不一定都要掌握，可以先练习设定一个光源进行分析绘制，在完全掌握后再尝试更多的可能。之后再看老师的范例时，可以自己试着先判断一下光源的方向。在绘制时装画时，也应提前思考和设定。

　　说了这么多关于光源的问题，现在我们就开始分析一下面部。先看一下欧美模特面部不同受光区域的化分。其实这些区域如何划分很好理解，如果是右上方来光，那么正对着光源的面，也就是右上顶面就是最亮的，反之，底面和投影是最暗的。多数面部特征几乎都是如此，不论男女。

————— 高光区域
————— 暗部区域
————— 灰度区域

为了方便大家看清各个区域，下面将高光、灰度和暗部标画得更明确一些给大家参考。从下图中可以看到，像额头、眉弓、两颊、鼻梁、下巴的顶面受光部分都处于可以作为高光留白的部分。通常情况下，如果模特不是正脸朝前，而是一侧在前，一侧在后，我们一般会把后侧的高光区域做稍小处理。有时也会把稍在后的部位或一侧颜色对比降低，这同样适用于绘制别的东西，比如身体皮肤或者同色衣着之类的，大的颜色还是一致的。

侧一些的面我们可以处理得稍暗一些，即灰度区域。欧美模特的脸部如额头两侧会处于灰色区域，分界差不多就是眉毛转折处到发际线转折处，还有鼻梁上部的山根部位及鼻梁的两侧，嘴唇下唇窝的两侧和下巴部分都处于灰色的区域。深浅是有细微变化的，不过一般情况下绘制普通画幅的时装画时，这些小的差别可以忽略不计。

在亚洲模特的面部分析中，我把灰度区域分成了两个层次，因为一些在欧美模特脸上呈现出的暗部比如眉弓下面、两颊凹陷处等在亚洲模特脸上不是特别明显，更偏向于灰色层次。相对来说，亚洲模特看起来棱角弱化，面部圆滑，故而明显的转折少，灰度层次变化多，具体的大家可以参考示范图。

—— 高光
—— 浅灰
—— 中灰
—— 暗部

暗部区域主要底面和投影处，总之是受光少的地方，比如鼻底及其投影，以及下巴给脖子带来的投影等。欧美模特的眉弓暗部区域以及脸颊凹陷处，唇窝、卧蚕底部等也都处于暗部中。

我们在为脸部上色时，虽然可以按照这些区域来上色，但人脸毕竟是有血有肉的，是相对圆滑的，所以切不可生硬地涂画，而应有所过渡。我们可以按照参考图来划分区域，但在上色时要由浅至深，叠涂深色时趁湿，轻重按提有度地处理过渡区域，顺着边线、结构线往中间的鼓点带，以画出由重至轻，随着涂色直接留有高光的自然"高级脸"。

下面分析非皮肤区域的高光排布。眼球部分，上眼睑有一点小小的、一条边的投影，在绘制大图需要更多细节时体现即可，小图则不必。眼球暴露部分其实相对处于侧面，但其质地光滑水润，易出现较亮的高光。要想凸显眼部的明亮，突出表现心灵窗户的特点，通常把高光放在黑眼珠的右上角（光源方向），留有一点或一个小菱形的白色区域作为高光即可。至于高光形状，取决于光源形状，不过是假定的光源，所以黑眼珠上的高光形状不必过于纠结。

上嘴唇总体呈朝下 45°角左右的面，细化就是一个立面加一个朝下 45°角左右的底面。下嘴唇则包含一个朝上 45°角的受光面和一个立面，比较立体的嘴唇只需还有一个小的稍微朝下的较暗的转折面。嘴唇的高光通常出现在下嘴唇的受光面和立面的转折处。一般大小的时装画的人物嘴唇两个颜色，深色绘制上嘴唇和下嘴唇下部，浅色绘制下嘴唇上部，高光绘于下嘴唇深浅的中端即可。男性的嘴唇在上色时可以不画高光，选择比肤色略红的深浅两色塑造嘴唇的体积感便可。

光源

头发高光

眼部高光
唇部高光

最后分析难点——头发的绘制。很多人总爱把头发画成一根一根的，高光也顺着头发的走向处理成一根一根的，很像花白的头发。在绘制头发时也应先分析光源及高光的位置，高光部分可以留白，也可以用高光笔提亮，不过一定是在高光区域里顺着头发的走向排布高光的，而不是整片顺着发丝绘制高光。深色头发如黑色、棕褐色等，除高光外画深浅两个颜色即可。黑色头发的亮部可以用冷棕色或深灰色来表示。浅色的头发除高光外可以画 3 个层次，3 种颜色按结构转折渐变涂绘。一般直发的边缘都是较深的，鼓起的部分是高光区域，短直发高光一般位于头顶，长直发除了头顶有高光，有时底摆比较飘逸，有转折卷曲，鼓起部分则会出现高光。卷发通常高光较多，在转折鼓起的多处都会出现高光，我们可以有主次地表现，比如头顶最靠近光源的位置高光区域最明显，对比强烈，下部对比稍弱一些。一般而言，卷发高光所在的转折都是发色最深的部分，也就是一组波浪的颜色一般是"浅—亮—高光—亮—浅—深—浅—亮"这样的规律。不过有时候卷发比较凌乱，也可以深浅交错着画波浪线，把高光自然留白，利用一种比较轻松的表现方式也是不错的选择。

4.4 ▸▸ 女性头部手绘步骤

前面已经讲了如何绘制头部、确定五官的位置及面部结构、五官形态的把握和一些部位的上色方式等，本节系统地梳理一下绘制头部的具体步骤，以及一些注意事项，方便大家总结和掌握具体的步骤。

Step 01 ▸用铅笔起稿

用铅笔以长线画出头部大轮廓后描画细节，牢记"宁方勿圆"。找头部垂直中线和水平中线的 1/2 处，其中上半部的 1/3 处即发际线位置，绘制辅助线确定"三庭五眼"。然后绘制耳朵、眉毛、眼睛（注意预留黑眼球高光）、鼻子（确定光源方向后确定鼻梁位置）、嘴及发型，注意通过各部位的穿插关系来表现遮挡关系和各部分结构，以及光源方向等。

Step 02 ▶ 用针管笔、秀丽笔勾线，擦除铅笔痕迹

用 0.1mm 的针管笔勾勒脸部和五官的轮廓，棕色、黑色均可。用黑色针管笔勾勒眉头、毛发、黑眼球，包括黑眼球内部瞳孔的形并预留高光。用 0.05mm 的黑色针管笔绘制睫毛及眼线等。用秀丽笔的小号或美文字笔的硬头细字（以下统称秀丽笔）勾画头发，线条有弹性，头发有体积感，包裹在头上，直发顺滑飘逸，卷发蓬松灵动，扎发松紧有致。注意毛发的绘制要讲究疏密。

勾线笔的痕迹干透后擦除铅笔痕迹，擦除时用手扶住纸面，防止纸张跑动或用力过大导致纸张折损。

Step 03 ▶ 绘制皮肤色

用较浅的皮肤色铺底：从边缘及结构线往中间绘制，由重至浅，由粗到细，在铺色时自动留出高光，处于后方的耳朵可直接涂满。

叠加较深的皮肤色：在较浅的皮肤色上叠加 1～2 个稍深的皮肤色，注意是同色相、冷暖、饱和度，不要偏色，以体现面部结构的转折。由边缘及结构线往中间画，绘制在背光位置。用马克笔多次叠涂可加深颜色，所以在颜色最深的暗部可以用更深的肤色上色，也可用较深的颜色多叠加几次。皮肤圆滑，趁湿叠涂使过渡显得自然。

Step 04 ▶ 叠绘腮红

趁皮肤色未干透，叠涂腮红自然融合过渡，一般涂于两颊凹陷处或眼睛下方，即上眼睑及其两侧渐染一些腮红的颜色。两颊画些腮红，一来凸显面部轮廓，二来自然不突兀，也不会破坏两颊高光。不要选择过于鲜艳突兀的颜色绘制腮红。

Step 05 ▶ 给嘴唇、眼睛上色

嘴唇：女模特涂口红的居多，唇色选同色的深浅两色。先整体给嘴部铺浅色唇色，之后给上嘴唇及下嘴唇下部叠涂深色。

眼睛：瞳孔在勾线时已被涂为黑色，故还需用 2～3 个颜色表现虹膜的色彩。通常棕褐色或黑色眼睛用深浅两个较暖的棕色或一棕色一深褐色来表现。用深色涂黑眼球上部，也可点一些点用高光衬托，用浅色涂下部，凸显通透质感。绿色或蓝色等彩色眼睛可用几色由内至外、由上至下、由深至浅，有层次地叠涂。如用琥珀色绕瞳孔薄薄地勾勒一圈，之后用较深的灰蓝色涂黑眼球上部及高光周围，之后用较浅的灰蓝色从两边向黑眼球的中间底部带，涂出渐变的效果。

Step 06 ▶ 给眉毛与头发上色

模特眉毛的颜色在浅棕色至黑色范围内，即使模特头发为金色，眉毛大多也是浅棕色的。眉毛的线稿绘制完成后，深色的眉毛可直接用较深的马克笔轻轻地点涂眉形，浅色的眉毛可先用浅棕色铺底，再选稍深一度的马克笔顺着毛发发生长方向点涂，体现眉毛的层次。对于头发的绘制，在线稿的基础上，顺着头发的生长方向上色，笔触由重至轻，颜色从浅至深，并且要留出高光。可叠涂多色以丰富层次，除高光至少要用两色绘制头发。

Step 07 ▶ 绘制其他妆容及文身以丰富细节，提炼高光

在头部基本绘制完成后，叠画妆容，可用饱和度稍低、颜色较透明的马克笔或各色彩铅绘制眼影等。总之，选择透明度较高的马克笔、彩色勾线笔以及彩色铅笔等，在绘制好的皮肤上随着结构起伏绘制脸部彩妆即可。待马克笔的痕迹干燥后可用针管笔、彩色纤维笔、彩色铅笔、高光笔等丰富细节。用彩色铅笔绘制脸上的斑点等细节是不错的选择。高光笔可以提点头发、眼睛、鼻梁、嘴唇的高光，也可以修补两颊等皮肤区域的高光，对称部位要对称着画。高光要讲究、精致。

4.5 ▶▶ 男性头部手绘步骤

男性头部的绘制方法及步骤大体与女性一致，只是在一些小的细节如睫毛、发型、胡子、彩妆等方面有所区别。可以将男女的绘制进行对照比较，不要把男性画得过于柔美、女性画得过于刚强就好。

Step 01 ▶ 用铅笔起稿

用铅笔以长线画出头部大轮廓后描画细节，牢记"宁方勿圆"。保留一些表现结构的较直的线条凸显男性的硬朗。相比女性，男性头部稍方，即下颌角稍大，线条更为明确。随后找头部垂直中线和水平中线的1/2处，其中上半部的1/3处即发际线的位置。通过辅助线确定"三庭五眼"，绘制耳朵、眉毛、眼睛（注意预留黑眼球高光）、鼻子（确定光源方向后确定鼻梁位置）、嘴和人物发型，注意通过各部位的穿插关系来表现遮挡关系与各部分的结构。如果有胡子，也应提前用铅笔勾勒出线稿，预留好位置，贴合于皮肤。

Step 02 用针管笔、秀丽笔勾线，擦除铅笔痕迹

用 0.1mm 的针管笔勾勒脸部和五官的轮廓，棕色、黑色均可。用黑色针管笔勾勒眉头、毛发、黑眼球，包括黑眼球内部瞳孔的形并预留高光。用秀丽笔的小号或美文字笔的硬头细笔（以下统称秀丽笔）勾画头发，线条要有弹性，头发要有体积感，包裹在头上，直发爽利，卷发蓬松，脏辫或其他扎发等各色发型各有其特点，光头则整个头用勾线笔勾勒即可。绘制头发时注意疏密。待勾线的痕迹干透，擦除铅笔痕迹，擦除时用手扶住纸面，防止纸张跑动或用力过大导致纸张折损。

Step 03 绘制皮肤色

用较浅的皮肤色铺底：从边缘及结构线往中间部分绘制，由重至浅，由粗到细，高光在铺色时自动留出，处于后方的耳朵可直接涂满。

叠加较深的皮肤色：在较浅的皮肤色上叠加 1～2 个稍深的皮肤色，可以更好地体现面部结构转折。注意，一定要选择同色相、冷暖、饱和度的马克笔的不同深浅色，不要偏色。从边缘及结构线往中间画，绘制在背光部分。用马克笔多次叠涂可加深颜色，所以在颜色最深的暗部可以用更深的肤色上色，也可用较深的颜色多叠加几次。皮肤相对圆滑，趁湿叠涂过渡更自然。

Step 04 给眼睛和嘴唇上色

眼睛：瞳孔在勾线时已被涂为黑色，故还需用 2～3 个颜色表现虹膜的色彩。通常棕褐色或黑色眼睛用深浅两个较暖棕色或一棕色一深褐色来表现。用深色涂黑眼球上部，也可点一些点用高光衬托，用浅色涂下部，凸显通透质感。绿色或蓝色等彩色的眼睛可用几色由内至外、由上至下、由深至浅，有层次地叠涂。如用琥珀色绕瞳孔薄薄地勾勒一圈，之后用较深的灰蓝色涂黑眼球上部及高光周围，之后用较浅的灰蓝色由两边向黑眼球的中间底部画，涂出渐变的效果。

嘴唇：男模唇色可选比皮肤深一点的颜色，如红色肤色中系列的深浅两色。先铺浅色，后在上、下嘴唇下部叠涂深色。

Step 05 给眉毛、头发、胡子上色

眉毛：眉毛颜色在浅棕至黑色范围内，即使模特头发为金色，眉毛也多为浅棕色。基于眉毛线稿，深色眉毛可以直接用颜色较深的马克笔轻轻点涂眉形，浅色的眉毛可先用浅棕色铺底，之后选稍深一度的马克笔顺着毛发生长方向轻轻地放射着点涂，体现眉毛的层次。

头发：在线稿的基础上顺着头发生长方向上色，笔触由重至轻，颜色从浅至深，留出高光。可叠涂多色以丰富层次，除高光至少用两色绘制头发。在绘制寸头时需要注意随着头和发际线的走势来画，侧面及头顶边缘位置点一些小短线，并在头的两侧及头顶背光部分有疏密地点一些点，然后上一些浅灰色，暗部稍微重一些，两侧或转折处浓密，切忌画得太平均，那样会削弱头部的体积感。

胡子：胡子和头发颜色基本一致，当然也有例外。胡子的绘制参照头发和眉毛，胡子要有形，疏密有致，短则用利落的短线，长则呈现出体积感。给短小有形的胡子上色参考眉毛，较大的胡子参考头发的上色方式，极短的胡茬参考寸头的画法即可。

Step 06 绘制其他妆容并丰富细节，提炼高光

在头部基本绘制完成后，叠画妆容，可用饱和度稍低、颜色较透明的马克笔、彩色勾线笔及彩色铅笔等，在绘制好的皮肤上随着结构起伏绘制脸部彩妆。待马克笔的痕迹干燥后可用针管笔、彩色纤维笔、彩色铅笔、高光笔等丰富细节。彩色铅笔可以用于绘制脸上的斑点等细节，高光笔主要用来提出头发、眼睛、鼻梁、嘴唇的高光，也可以修补两颊等皮肤区域的高光。对称部位要对称来画。高光要讲究，力求精细。

4.6 ▶▶ 头部肤色发型范例集锦

本节给大家展示了多幅头部示范图，包含线稿及上色完成稿，男性、女性以及各种发型、发饰都有涉及，供大家参考。在绘画时可先用透写台描摹线稿试着上色，没有透写台的可以直接临摹，练习给头部上色。逐渐掌握后可以试着临摹彩图，从起稿到勾线，再进一步进行上色和丰富、点缀。

建议在临摹了一定数量的人头部，熟练掌握了绘制人头部的方法后，再对照参考图片自行绘制模特头部，直至最后可以脱稿绘制。遵循这样的步骤相对更容易，避免上来就自己摸索，产生更多问题，简单、高效，可以更快速地提高自己的画技。

男头像线稿

女人头线稿

女头像线稿

马克笔绘制 彩色铅笔绘制 水彩绘制

Chapter **05**

时装画手绘面料

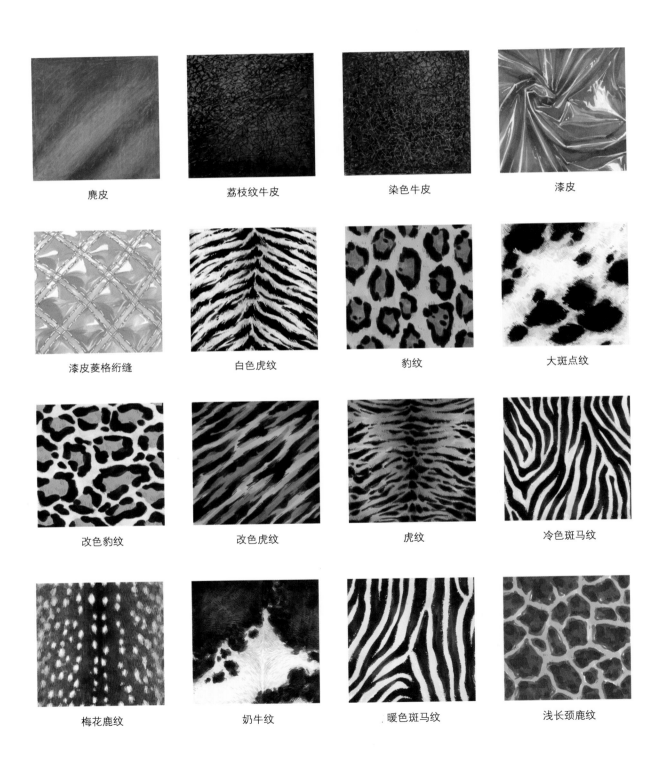

麂皮

荔枝纹牛皮

染色牛皮

漆皮

漆皮菱格绗缝

白色虎纹

豹纹

大斑点纹

改色豹纹

改色虎纹

虎纹

冷色斑马纹

梅花鹿纹

奶牛纹

暖色斑马纹

浅长颈鹿纹

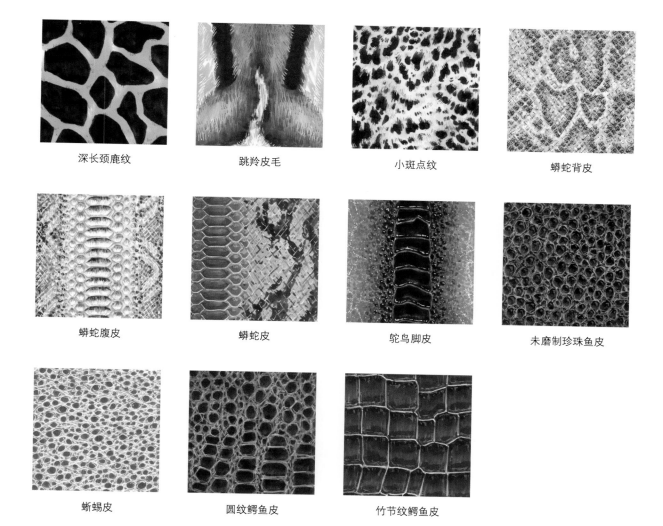

深长颈鹿纹	跳羚皮毛	小斑点纹	蟒蛇背皮
蟒蛇腹皮	蟒蛇皮	鸵鸟脚皮	未磨制珍珠鱼皮
蜥蜴皮	圆纹鳄鱼皮	竹节纹鳄鱼皮	

5.2 ▸▸ 闪亮、钉珠类

大片透明幻色亮片

排绣亮片

竖条亮片

双色亮片

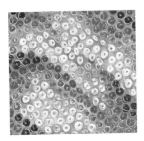
透明幻色贴片亮片

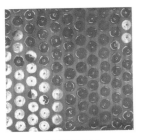
透明贴片亮片

粗闪

幻彩细闪

幻色粗闪

细闪

亮片水钻钉珠

珍珠水钻钉珠

5.3 ▸▸ 丝绸、毛绒类

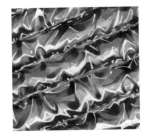
缎面宽条绗缝

缎面菱格绗缝

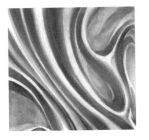
丝绸

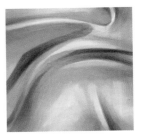
雪纺

丝绒

条绒

波折条纹　　　　粗细条纹　　　　海军条纹　　　　疏密条纹

棉麻格纹　　　　细纺格纹　　　　乡村大格　　　　斜纹格纹

印花千鸟格　　　　英伦格纹　　　　织花千鸟格　　　　撞色菱格

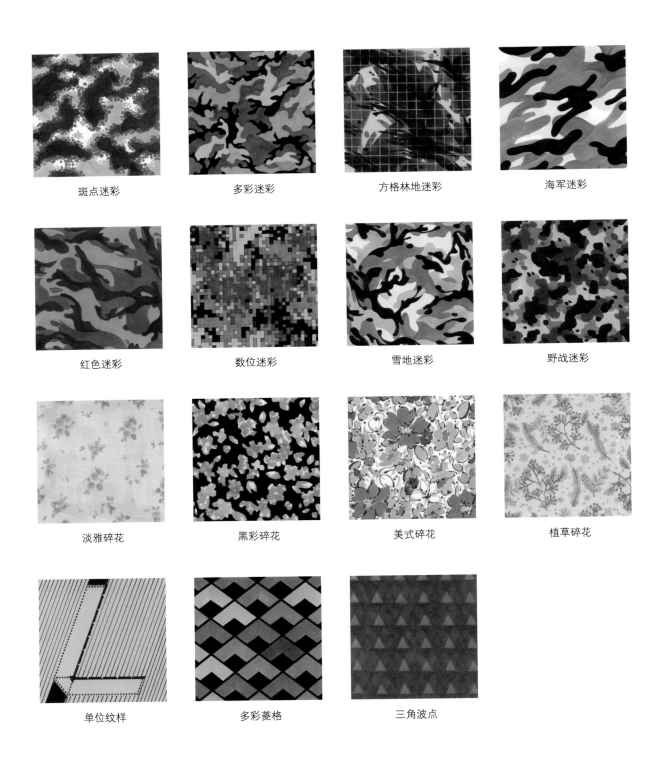

斑点迷彩 多彩迷彩 方格林地迷彩 海军迷彩

红色迷彩 数位迷彩 雪地迷彩 野战迷彩

淡雅碎花 黑彩碎花 美式碎花 植草碎花

单位纹样 多彩菱格 三角波点

棉线蕾丝	网纱蕾丝	花样 1	花样 2
花样 3	花样 4	花样 5	花样 6
花样 7	花样 8	花样 9	花样 10
花样 11	多材质针织	多层立体针织	毛圈

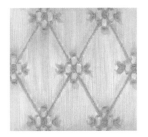

提花夹棉

5.7 ▶▶ 编织类

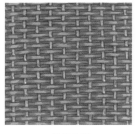

经纬细编

人字呢

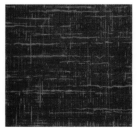

竹节麻

粗花呢

经纬粗编

碎布编织

提花编织

5.8 ▶▶ 其他类

粗纹牛仔

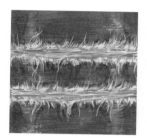

磨破磨毛牛仔

普通牛仔

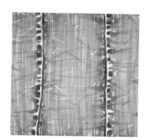

水洗做旧牛仔

彩色扎染 1

彩色扎染 2

彩色扎染 3

彩色扎染 4

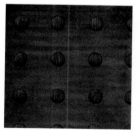

刺绣波点

蓝染刺子镂空

幻彩面料

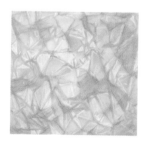

褶皱杜邦纸

Chapter 06

时装画女装精细示范

6.1 ▶▶ 马克笔女装绘制精讲

6.1.1 准备工作

在绘制时装画前，需要准备齐全之前讲过的绘画工具以及绘图纸等。在这里要提醒大家：妥善的准备工作是诞生好作品的第一步。

首先，舒适的环境必不可少。端正地安坐桌边，调节好适宜的光线。注意最好选择白光（俗称冷光源），或者不偏色的光源，尽量避免在比较暖的或者有色光源下进行绘画，以防止色差对画面的影响。除此之外，还要注意坐姿。长期保持不好的姿态可能会导致肌肉的僵硬和脊椎的变形，不要因专注于画画而忽视了我们的身体健康。养成画一会儿就站起来放松身体的习惯，有利于舒缓肩颈及腰部的肌肉、清醒头脑，还有利于远距离观察作品，找到画作的问题并进行调整，如人体比例、颜色搭配等。除此之外，还要注意桌椅的高度，如果没有准备画板而是将画纸平铺在桌面上，那么桌子过高会导致视觉上透视过大，按视觉比例绘制的人拿起来看会觉得头大腿短。修正这个问题，一是选择手握画板架于腿上避免视觉误差；二是运用尺子来衡量比例辅助作图，保持横竖比例不变；三是桌面尽量低一些，可以尽量俯视画面以解决视觉误差，但可能造成因长期低头导致的颈椎问题。好的姿态和习惯是极为重要的，也希望大家可以注意到这些画画以外的事项。

准备妥当所需的工具后可以先制作色卡，色卡有助于我们选择颜色合适的画笔，方便作画。那么，色卡上的颜色如何排列呢？其实这个问题相当简单，不用过于纠结。购买的成套的马克笔本身就是按一定规律排列的，只要按照笔的摆放顺序来排列色卡就好。如果购买的成套的马克笔在盒子或笔帘、笔袋中杂乱排列，那么最好将其按照色系来排列，比如有彩色按棕、红、橙、黄、绿、青、蓝、紫、粉顺序排列，由深至浅或由浅至深；无彩色按从灰至黑的顺序排列，暖灰、中灰、冷灰、彩色灰有规律地分开。然后再按这个规律完成色卡的制作。当然，如果购买的马克笔在笔袋中无法规律地摆放，可以准备盒子盛放或者按色系用皮筋捆绑，分类妥当后制作色卡。最好选择和我们绘图的纸一样的纸张来制作色卡，这样有助于我们避免色差，也更方便观察笔在纸上的渗透和扩散情况，以及洇得厉害与否。此外，色卡要规整，最好自己手动或打印出工整的表格，并记得标注好笔的色号，和颜色一一对应。马克笔比较容易洇透纸张，所以再次强调：记得在画纸下面垫上不怕染的东西，比如垫板或没用的纸张若干。

绘制时装画建议先从中等画幅入手，中等画幅相对而言更好掌握，既不会出现画幅过小导致无法深入刻画细节，也不会遇到画幅过大、线条不易一气呵成、上色累赘、细节不足等问题。可以选择 A4 大小左右的纸张进行绘制练习，在掌握了中等画幅的时装画绘制之后再尝试更大或更小的画面。

画画也好，写作也罢，其实都讲究"总分总"，也就是先整体，后细分深入，最后整体收尾。细节固然重要，是仔细品味咀嚼时的回甘，但请不要过分专注细节，毕竟整体和统一是更加重要的，没了整体，一吃就不对味也就没有心思再去咀嚼了。所以大家一定要养成从整体出发，再深入，最后回归整体的习惯，相信这样大家都能画出理想的作品。

6.1.2 构图

时装画的构图也是有讲究的。一般而言，在绘制一张全身时装效果图时，会选择在画纸的中央，并且上下略有空白，进行人物的构图。以 A4 纸为例，可以在纸的顶端预留出大约一个大拇指的距离，在纸的底部预留出大约一个食指和一个中指的距离，给模特的头发、头饰、帽饰及鞋跟等预留一定的空间。如果模特的发型或帽饰等过高、鞋跟较高，就需要留有更大的空间。

绘画时一般在纸张底部预留出稍多的空间，这样人物在整个画面里看起来更加稳妥、舒适。预留好位置后上下各画一条水平线，辅助确定人物的最高点头顶和脚掌落地点的位置。注意，纸张底端的横线是用来确定脚掌落地点的位置的，而不是用来比对足尖的位置的，这也是在底部预留更多空间的原因。脚掌落地点与地面贴合，所以脚掌落地点左右两边处于同一水平线上。底线的确定方便我们更好地明确模特足部的结构。由于我们的视平线一般处于模特的肩部到膝盖之间，通常为腰胯部位，足部处于俯视状态，所以足尖会超过底线。当然，如果画的是一个大仰视角度的模特，比如视平线恰好在模特脚部，那么足尖顶点就和底线重合，形成一条横线了。

确定高低点之后，可以画一条中垂线，连接上下两条水平线的中点，以保证人物的中心竖直，重心落地不跑偏。在画这些辅助线的时候可以借助长直尺，学会利用工具，更好、更快地绘制时装画作品。正面站立的人物在构图时应该注意左右两边留白均等，保证画面的均衡。若绘制的人物脸部朝向某个方向，也可以在模特脸部所朝向的那边多留一些空白，使模特望向的地方有给人更多遐想的空间，这样画面也会很舒适。当然，我们所绘制的事物若位于正中央，四周均等，视觉上会给人不舒服的感觉。初学者如果害怕掌握不好寻找这种稍不对称的分割点的方法，也可以先放弃找这种画面中的"平衡点"，以不变应万变，将绘画的中心置于中央，简单、直接。

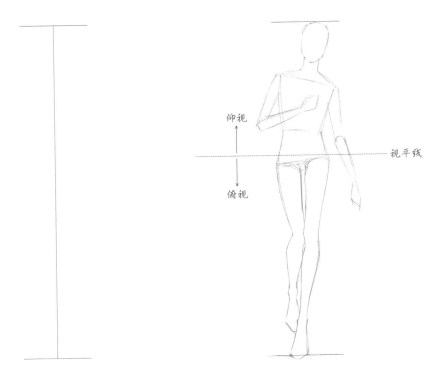

6.1.3 用铅笔起稿

初学者可以把中垂线分为8～9份，以确定人物的结构。用直尺均等地平分中垂线，用准确的数字来划分，不要徒手评估。按照之前人体部分所讲的比例来绘制人物，推荐大家画8.5头身左右，也就是从头顶到脚掌落地点约8.5个头长，算上脚尖超出8.5个头长。完成构图辅助线之后开始起稿。起稿尤为重要，有了好的铅笔稿便可以在上面增添光彩。如果起稿阶段就问题百出，那么在丰富画面的过程中会把问题放大。

在绘制时装画时（除了用各种深浅、不同粗细及型号的铅笔画时装速写），推荐大家使用较细且较浅、较硬的自动铅笔来起稿，2H、4H都是不错的选择。这样绘制出的草稿线条明确。比较软、粗、重的铅笔（如4B、6B等）、更适合用于速写人体，用这种铅笔起稿容易蹭脏画面。用铅笔起稿一般分为两步，人体结构定型以及细化人体框架并为人物绘制服装。之前介绍过人体结构尺寸以及面部五官等部分的位置及形态，这部分就不再赘述了。注意，在绘制的时候，要注意横向、纵向对比，对各部位的宽窄、长短进行全方位的衡量和比较，对每个节点及线条的位置进行立体的观察和描绘，并在大的框架比例搭建完成后进行检查，以确定每个部分的形态及位置。

之后，在相对准确的人体结构轮廓上进一步深入细节：发型和五官，手、脚的形态，衣服的轮廓、结构、省道、褶皱，

以及配饰等。绘制时注意衣服的松紧廓形，面料的薄厚呈现出的形态，以及褶皱的疏密节奏等问题。大家要记得衣服是包裹在形体之上的，如果掌握不好，一定要认真研读这部分的讲解，在生活中多观察，并通过理解人体的骨点、鼓点、转折、肌肉形态等和大量的临摹来提升绘制能力。

绘画时通常遵循从上至下的顺序，在人体的基础上进行细化。在刻画好五官及发型后，可以先绘制脖子的形态结构以及衣领部分。注意，衣领一定要包裹在脖子上，并有其厚度、材质、造型和小的透视，本图示范没有衣领，我可以跳过。

延展至肩部。肩部的造型要根据面料的薄厚来确定，越是轻薄，越是紧身包裹的服装，肩部这些骨点的造型越突出。如果是较厚的面料或有垫肩的衣服，就要注意肩线的形态，其线条不像人体那样有穿插和转折，而是趋向于一条带有向上弧度的直线。如果模特穿着吊带裙，吊带部分一般处于锁骨和斜方肌的交会处，一般较宽的肩带也大都结束于此。如果肩带位置再往外，过了锁骨的突出点，那么肩带就很容易滑落了。

衣物包裹在身体上呈现出弧形，最能体现人体各部分的形态和体积，如同领口要随着脖子的弧线定形一样，袖口、裤口、裙摆、腰头等都在反映着它所包裹的部位的形态。通过视平线和俯视、仰视的分析，可以推测出视平线

位于腰部，垂直站立的人在无活动的情况下，裙摆以及裤口的弧度是向下的。同样是在无活动的情况下，模特若穿着短袖，则袖口打开向上，如果是长袖，袖口过了视平线，那么袖口则朝下，且离视平线越远，透视角度越大，弧线也就越趋于圆弧，而非直线。而位于视平线上的水平线条，一般都是直线，除非这条线本身就是在摆动的而非静置，这些就是透视的缘故。

帽子包裹头部，被头部顶点或头围撑起，切忌画得过大、过小、过浮。手套包裹手部，呈现手的形态，即使将手插在兜里，也要把兜画"鼓"，表现手的位置。袜子、鞋包裹在脚上，有着其厚度和特性。一般而言，袜子有弹性，比较紧贴于脚部，要么几乎无褶，被脚部撑起，要么堆叠出横褶，左右穿插。鞋的种类繁多，绘制凉鞋时注意脚部的刻画要仔细。皮鞋因质地缘故不易有褶皱，注意线条流畅硬朗，若有褶皱也是在大转折处呈现较大、较宽的形态；运动鞋要看它的材质，篮球鞋类似于一个比较大的三角，外形、硬朗、无褶皱，帆布鞋在折弯处会有横褶，皮质的运动鞋不易产生褶皱，夹棉的运动鞋比较圆滑，鞋带的穿插压叠、尼龙搭扣、罗口以及鞋舌等细节都是值得多加练习的；靴子要注意其脚踝处的宽度，往往靴筒不会紧贴脚踝，要考虑它是否容易穿脱、有无拉锁系扣等。还要注意鞋底，在绘制时装画时，鞋都处于俯视状态，鞋底也用向下的弧线来绘制。鞋底有厚度，鞋跟的高低也可以通过脚背的高低、长短来判断。鞋跟越高，脚背越直立，透视越小，反之，则脚部透视加大，脚背被压扁，呈更明显的向前放射、后收缩状。此外，配饰如项链、手镯、戒指、脚链等都要符合身体的体积形态，这样才能真正被人"戴上"。

褶皱是一个特别重要的课题，褶皱的疏密错落最能体现画者对衣物的理解。在这里要特别提醒大家，不要把褶皱画成长短、粗细、形态一致的放射线条，要富有变化，这样才显得真实。而且，褶皱要有取舍，让衣褶听命于你，为服装和人体服务。在鼓起的部位尽量留白，因为布料被身体撑起，没有褶皱；反之，则可呈现出不规则的褶皱。褶皱的形态往往取决于面料，越厚的面料越不易起碎褶，呈现较大的波浪厚褶，廓形硬挺的面料几乎没有褶皱。轻薄的面料如雪纺、真丝等一般会呈现疏密不一、错落有致的褶皱，线条流畅潇洒、飘逸灵动。宽松的衣物褶皱容易均匀下垂、错落多变。紧身的针织面料一般会在身体转折处呈现出细小的横褶，包裹住身体的部分带有身体弧线的褶皱，比较细密的处于身体回收凹陷的部位，比如领口、胸下、手肘内弯处、腰部、膝部、脚踝、大腿和裆部的交界位置等。值得注意的是，画裤子时很多人会在大腿上画出破坏大腿结构的长横褶（或斜褶），这一点一定要避免。至于褶皱的形态，希望大家多参考范画，掌握形态各异且富有变化的褶皱。

有了细致、准确的铅笔稿，下一步就更容易操作了。

6.1.4 轮廓勾线

勾线时一般会用到勾线笔、小号秀丽笔或美文字笔的硬头细字（以下统称秀丽笔）。用勾线笔勾画皮肤及细节，用秀丽笔勾画服饰，采用先勾线后涂色的方式来绘制时装画。当然，也可在熟练掌握这两种笔的特性后尝试更多的可能，如先上色后勾线或用一种笔或多种其他的笔混合勾线等。

首先，选择一支棕色或黑色的0.1mm的勾线笔，勾勒人物的皮肤部分以及五官，睫毛等更加微小的细节可以用0.05mm的勾线笔来深入刻画。勾线笔笔尖细硬，容易掌握，绘画时尽量注意线条流畅，不要点顿，停留时间过长，不然容易在纸上留下泅点，线条不顺滑。针管笔较细，在描画的过程中应尽量一气呵成，如有接头或不流畅，可将其描匀。初学者可以在绘制时装画之前先进行一定的线条练习，横线、竖线、弧线、圆圈等，尽量徒手画，试着保持线条平顺、肯定、横平竖直，线圈做到圆滑对称，可以自由控制大小，避免虚描和接口、顿点。

勾画完成后用秀丽笔绘制人物的服饰、发型。秀丽笔的粗细变化类似于毛笔的笔触，呈现出有弹性的线条，潇洒、美观。对于初学者而言，较硬、较细的秀丽笔相对比较好掌控。所以在绘制时装画前，可以稍加练习，尝试徒手绘制横线、竖线、弧线、圆圈等，做到线条平顺、流畅、有弹性，线弧圆滑，波浪起伏自然，大小控制自由，避免

虚描和接口、顿点，使笔迹有速度、有弹性。同时，也可以多临摹局部的布褶，学习不同材质、厚度、形态的衣服呈现的缤纷多彩、种类繁多的褶皱。在勾线时还有一个小技巧，在笔尖"落地"前可以试着悬空预勾一下线条，在半空画出绘制的轨迹，试着找到好的路径后快速绘制出来，按之前尝试过的轨迹，一气呵成，不犹豫，肯定、果敢，线条也就自然顺滑、有速度、有节奏、有弹性了。

在勾线时还要注意顺序——从上往下、由左及右（如果左手是惯用手，则由右及左），以免蹭脏画面。待笔迹干透后再用橡皮擦净纸面。

6.1.5 给皮肤上色

使用马克笔上色的一般步骤是由浅至深。因为马克笔墨水的特性，浅色无法覆盖深色，所以通常由浅色入手。马克笔墨水充足的，趁湿叠涂可以绘制出局部的水彩泅晕交染的感觉，待浅色干透再覆盖艳色，亦可呈现出两色或多色叠加之效果。当然，"玩"马克笔还有更多的方法可以尝试，比如先涂深色，后用白色或浅色马克笔晕染出小的淡斑等。马克笔速涂爽利干脆，漫染泅晕融合，其深色系具有很强的覆盖力。马克笔有透明的特性，叠涂时最好选择同色系、相近色及浓度、灰度相宜的色系，胡乱撞色叠涂及用灰色和艳色叠涂会导致画面变脏。

在马克笔的笔迹干后用彩铅叠涂，可以呈现更细腻、逼真的效果，在后面的范画中有详细讲解。用深色的马克笔平铺后再用彩铅叠画出幻彩的效果，也是我很喜欢的一种表现方法，可以体现出在深色上呈现环境色或彩晕的效果。在绘制过程中，首先确定一个光源的方向，假设上方偏右来光。由于马克笔的深色可以较好地覆盖浅色的特性，在给皮肤上色时可用最浅的软头"肉色"铺底。铺底色时留出高光，然后叠涂稍深的"肉色"，绘制侧面的灰度区域。由边缘至中间，迅速按提，按时色浓，提起色淡，快速行笔，笔锋爽利，因此呈现出从侧面到中间自然地渐变过渡的效果。

一般来说，影子和背光的底面颜色最深，比如鼻底、耳廓内部、脖子上的投影，以及袖口、裙摆和裤口打在皮肤上的投影等。不受光的眉弓底部（高眉骨、深眼窝的人）、下嘴唇底部凹槽，以及下巴底部、耳廓的一些小侧面，还有身上一些转折夹角位置等，颜色也都较深。耳朵或向后摆动的小腿一般处于"后方"，不是表现的重心，我们可以弱化对比，比如在铺最初的浅肉色时不留高光，直接随形体结构平铺。

铺好大的肤色，表现出体积关系后，开始上色，绘制模特的腮红、唇色、眼睛及毛发。腮红和肤色的上色方

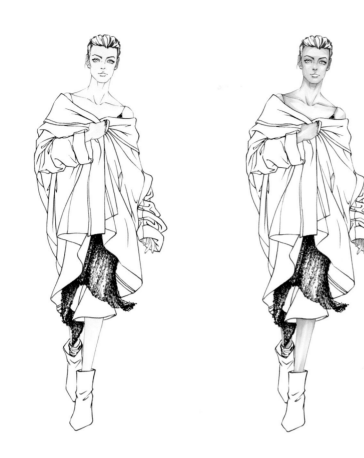

法一致，软头笔尖，笔锋稍侧，由外至内快速往里带，最好能在肤色未完全干透时淡淡地融合。切忌用太重的红色、粉色、橙色来绘制脸部的腮红。给嘴唇上色时，上嘴唇的面是向下的，所以颜色稍深，下嘴唇受上嘴唇投影且位于底部，所以和上嘴唇颜色一样深，中部是受光面，颜色较浅淡。由于嘴唇面积狭小且高光波折细腻，所以可不预留高光，可在后期调整阶段用高光笔提亮。眼珠的颜色富于变化，可以用2~3个颜色绘制，面积狭小，轻轻点涂即可。高光可预留一个白点，如不小心涂满可在后期提亮。眉毛可用稍浅于眉毛本色的马克笔极轻地点涂铺底，再用针管笔或彩色纤维笔、削尖的彩铅来绘制细腻的毛发。如若模特脸部有彩妆，如眼影或脸部涂鸦等，可在将肤色画好后进行绘制。彩妆可以用较透明的马克笔来绘制，不要画得过于浓烈，最好能透点皮肤的底色，这样才会比较自然、服帖。文身的绘制同理，不要用过于鲜艳的颜色来画，选择透明度较高、有点偏灰的颜色来绘制，带点肉色底色，不突兀，随着皮肤的起伏来画，更显真实。

头发的绘制是重点，不同的发型，不同的发色，画法一致。为塑造体积感服务是一直以来的宗旨，千万不要一根一根地去处理，要把头发看作一个整体，自然地留出高光，可用2~4个深浅颜色的马克笔来绘制头发的多层次。这部分可以参考之前头部的案例，学习如何绘制多种多样、颜色丰富、造型多变的头发。

6.1.6 给服饰上色

服饰上色的步骤和皮肤一致，也是由浅至深。除此之外，还可以使用由主及次的上色方式。什么是由主及次呢？以示范为例：衣服以暖浅灰色为主，饰品有冷深灰色，以灰色为主基调的服饰受环境色的影响边缘呈现出一些淡蓝色，内搭配金属碎网质感吊带裙，露出明黄绿色裙摆，黑色短皮靴搭配米色棉袜。由此可以分析出，这组服饰的底色分别是暖浅灰色、冷深灰色、明黄绿色、金属灰色及袜子的米色和表现黑皮鞋亮部的灰黑色。

上色时从底色开始，这几个底色的上色可以同步进行。当然，可以先从面积最大、最浅的暖浅灰色入手，之后是冷深灰、明黄绿……笔头由边缘、结构、褶皱线往里带着涂，之后依次加深，用同等色相、饱和度、冷暖但明度更低的灰色加深相对背光的面，塑造衣物的体积感。塑造时应使用两种以上同色但不同明度的马克笔来丰富衣物的层次。通常浅色是底色，深一度的颜色自然叠加其上，边缘稍有融合，笔触由边缘至中间，渐变过渡。叠加2~3个层次为宜，描绘次数过多会略显累赘。

在绘制好大的服装底色并塑造好服装起伏结构之后，可以小面积带入一些环境色以丰富画面，这些带有色彩的环境色通常出现在颜色较灰暗的衣物上，或者表面光滑、反光强烈的面料（比如漆皮、PVC、欧根纱）

等。有时环境光的介入也会使衣物受到影响，从而笼罩上一层光的色彩。注意，环境色万不可融合过多，喧宾夺主，抢了主色，导致观者分不清衣物的固有色。模特的灰色衣物以及易反光的短皮靴上都有淡蓝色的环境色体现，都是在塑造完大体结构的基础上沿边缘、高光融入一些淡蓝色进去，丰富较为单一的灰色调画面的。

黑皮鞋在时装画中的上镜率很高，大家应该掌握它的绘制方法。首先，用黑灰色也就是很暗的深灰铺底色，留出高光，如鞋子中间一带的转折处、鞋子边上的反光等。之后可以叠加更深一度且不同冷暖的黑灰色（如本示范中先用暖黑灰色铺底色，再用更深的偏蓝色的黑灰色叠加层次）强调一下转折和高光边缘，丰富一下层次，弱化后面那只脚的对比。最后用黑色把前面脚的高光、转折等明确一下，在高光、反光等留白区域带入环境色——淡蓝色，表示光源色的清冷爽利。最后一步，待马克笔的笔痕干燥之后丰富层次，比如可以用彩铅在暗色上晕染多彩的反光或光晕，用高光笔修形、提亮点睛等。

一般情况下，在上色时，出现的深色小面积投影和浅色形成鲜明的对比时，该区域比较突出，相对而言对比较弱的区域在视觉上会往后退。对比鲜明的区域往往出现在受光面及明暗交界处。上色时，一般处理手法是暗部统一，亮部是刻画、深入的重点。

在前期学习阶段可以先找一些面料质感常见、色块分明的来绘制。整个画面以1～3个颜色为主，无图案、印花、格纹等，进行练习绘制。衣形可挑选结构简单好分析、前后遮挡好判断、体积容易塑造的范例来进行绘制。

本案例有小面积细碎的质感的刻画，也就是相对复杂的金属碎网质感的内搭。掌握方法后其实不难，这个材质本身有镂空的缝隙，所以会透一些底色，在绘制黄绿色裙摆时，在金属裙下摆上画一点颜色即可。金属质感对比强，处于灰色调，所以在杂点繁复的黑色勾线裙摆间，用马克笔尖染上一些灰色的纵贯线，再点一些错杂的灰色碎点，使之整体处于透着黄绿的杂乱灰黑色备用即可。

像袜子这类小面积且处于暗部的搭配物，放松处理，做统一颜色便可。如本范例图中的棉袜虽为米色，但由于其深处靴内，被投影笼罩，所以使用中等的灰米色平涂，简单处理。

配饰如戒指、耳环、项链、手链、胸针等，在绘制全身的时装画时可不深入刻画，但尽量表现它的小巧、精美。通常这些饰品是金属质感的，银色的饰品在上色时用马克笔铺深浅灰色调，金色的首饰用土黄色和灰黄色等交杂铺底即可，注意要有深色，用来衬托亮色及高光，体现出体积感并凸显金属质感。腰带、箱包、围巾、帽子、手套、眼镜等，要画得细致一些，表现其质感、体积、结构，做到细节丰富。

6.1.7 高光修饰

完成最后一步细节的点睛，整幅画就大功告成了。待马克笔的笔痕干透，便可用高光笔进行高光点缀并用彩铅丰富画面了。当然，大家也可以尝试用彩色纤维笔来修饰，甚至用胶水、亮片、闪粉。首先是头部，眼睛里瞳孔旁的小白点高光轻点即可；鼻梁高光从鼻头往眉心方向带出一条头粗尾细的短线即可；嘴唇的高光处于下嘴唇中部，用有点顿挫的短线，表现一下唇部起伏的质感。如果双颊在前期上色时没留出高光位置，则沿颧骨轮廓线往里的位置斜着带一点高光，待1秒，未干透即用手从外往里蹭一下，使之均匀融合，不突兀，符合皮肤高光的质感。这个方法同样适用于皮肤其他区域。对于头发上的高光，则光源从哪来，高光便留在哪里，高光要有其形态，符合结构转折。如果头发上的高光已预留位置，则可顺着头发的走向在高光上长短不一地画上几道，破一破规则的形态，看上去更自然。

很多不反光的面料及普通材质的衣物上是不存在高光的，绘画时可用高光笔来勾画一些自由的线条来丰富画面，让画面氛围更加轻松、丰富。当然，也可以不画多余的线条，视画面整体效果来定。皮鞋这种易反光的光滑质地，以及金属质感的裙子和首饰都是需要点缀高光的。皮鞋上除了高光，可用较爽利的线条勾勒。金属碎网质感的裙子用错杂的碎点及几根顺裙摆结构的线条点缀即可，注意因为金属质感有反光、有折射且对比强烈，所以暗部黑色上也要出现高光点，有明暗的冲撞才更能凸显金属的光泽。金属配饰亦如此，需要明暗对比，高光紧贴最深的明暗交界线，点到为止，太冗杂的高光和对比反而会被削弱。

至此，一张完整的马克笔时装画就完成了，最后提醒大家，不要纠结一些不必要的细节，还是要回归"总分总"的意识，从整体入手，再慢慢深入，最后回归到整体，使画面统一，有重点。处处都深入等于都没深入，有绿叶的衬托才显得红花绚烂，有舒畅的流线衬托才显得细节紧致，有潇洒的平铺才显得质感迷人。学完本章内容，相信大家都对如何画一幅马克笔时装画有了系统的认识和理解，已经跃跃欲试了。在精细示范章节，我会比较细致地讲解，便于大家理解，比较基础的内容在之后的示范中不会再赘述，忘记如何绘制的可以翻回本章阅读。

6.2 ▸▸ 彩色铅笔女装绘制精讲

6.2.1 关于彩铅时装画

彩色铅笔（下简称"彩铅"）相对于马克笔而言更加细腻，笔触噪点多，笔迹比马克笔要细，也很擅长绘制粗细变化有致的弹性线条。由于其笔迹更加清浅、细腻，和马克笔相比，彩铅上色所耗费的时间更长，颜色也不如马克笔鲜艳。我们绘制时装画时所用彩铅多为油性，也有类似于色粉笔的粉质彩铅和水溶性彩铅。本章的绘制使用油性彩铅。当然，也可以用水溶性彩铅代替，不过水溶性彩铅颜色更"粉"，绘制完成时装画看起来对比较弱，更加清雅。粉质彩铅比较适合画速写，相对来说不如前两者细腻，而且画完需要喷定画液方可保持画面，不是特别适合用来绘制时装画。

彩铅时装画也有其绘制步骤和技巧，在开始学习前先准备好所需的绘图工具：油性彩铅一套、橡皮、直尺以及适宜的纸张，如较细腻、克数较重的 A4 纸。彩铅颜色的深浅主要取决于笔触的轻重，所以如果大家绘制色卡请保持相同的力度，最好都比较用力，或者轻重对照着画。准备完毕后就可以开始绘制了。

6.2.2 用铅笔、彩铅起稿

构图时预留空间，用铅笔轻轻地绘制辅助线后起稿。画好人体结构轮廓之后用彩铅描绘轮廓并细化着装的模特。人体结构之前已阐述，这里主要分享一些需要注意的事项。彩铅不易擦除，所以在绘制彩铅轮廓之前务必用铅笔把大的形态描绘好。下面介绍几种将铅笔稿替换为彩铅轮廓的方法，推荐给大家学习。

一是在铅笔稿的基础上用彩铅描绘出较深的线条后擦除铅笔痕迹，留下变浅的彩铅痕迹，再实描一遍。这种方法很好掌握，但需要多次勾线。二是可以一边擦除铅笔稿一边用彩铅描绘，从上至下，推着替代。这个相对难掌握，需要先记住一部分，背着画下来。三是利用透写台，将画稿用彩铅直接在上面透写。可以较好地练习线条的绘制，比较适合初学者。

本范画在勾线时要注意线条的弹性，轻重、粗细适度，勾线时让笔尖保持尖细，以方便勾画。绘制时用笔不要过轻，

用线要肯定，线条转折处、交会处可刻画重一些，逐步过渡到消失点，流畅自然，舒展洒脱。

勾轮廓时可选择稍深的颜色，比如肉色的皮肤，可以用暖红棕色、棕肉色等同色中明度较深的颜色，深浅闪亮的灰色罩黑纱礼服裙可以用黑色绘制。头发固有色较深的颜色来勾画，眼睑可先用皮肤色勾线轻描，后在被遮挡处及眼角、眼线的地方用黑色叠着勾画。太过用力勾画则很难再叠加别的颜色，所以绘制底层颜色时可稍轻一些。

画完线稿后，放远一点观察一下整体的比例、形态等是否得当，并修饰调整。

6.2.3 给皮肤上色

　　用彩铅上色时,从上至下、由浅至深是比较常见的顺序,这个顺序手部不易蹭脏画面。通常还是从皮肤开始,一层一层地向前推。如果前面的衣饰遮挡了后面的部分,需要提前留出空白。

　　彩铅覆盖力不强,想叠加颜色是不易的。使用油性彩铅上色可从侧面看一看纸面,如果反光很明显,就说明纸面包裹了一层彩铅的蜡质,上色就趋于饱和了。如果用笔尖用力压纸面涂色,会产生一道道凹陷划痕,想再垂直用这些线条覆盖上色就更加困难了。所以,在绘制彩铅画时,可以先薄涂一层颜色,之后再一层一层地加深、塑造。

　　首先,给皮肤上色,用肉色和一些偏红暖橙的颜色为其填充第一层,不要太用力,顺着结构涂,最好一开始就按"暗—明—暗"结构上色,这样也便于下一层继续叠加,并预留高光、亮部。之后用与皮肤的肉色相近的颜色,顺着结构,由外至内,沿边缘、结构线等过渡到中间部位,渐变着涂。彩铅的深色也可以轻涂出浅色效果,不过浅色即使用力涂数遍都很难达到深色的效果。所以转折凹陷、投影暗部等深色区域可选择深色铅笔上色。选择较浅的红棕色、赭石色和橙色,渐变交杂着涂暗部和投影,用肉色等皮肤色稍用力涂灰度区域,合理地过渡亮部和暗部,自然形成皮肤的颜色。

　　在上色时,可以交杂多种颜色,同色系、不同色系都可以。大家可以参考前面章节介绍的上色方式,保持皮肤、衣服颜色丰富、统一即可。这里就不再赘述,初学者可以不用画得那么复杂,能掌握大效果的同色系明暗即可。

　　大的皮肤颜色上好后开始绘制面部的细节,包括五官、腮红、眼妆等。腮红顺着颧骨下面凹陷的走向,眼妆顺着上下眼睑和卧蚕的走向,睫毛有疏密长短的勾勒,把笔尖削尖再画。给眼珠留好高光,将瞳孔画实,用2～3个颜色来绘制虹膜的色彩。范例中模特的眼睛偏绿色,瞳孔周围以及黑眼球上部涂的颜色相对较重,可以混入一些棕色,之后渐变着从上往下涂,上面稍微加重,下面轻轻地涂上绿色,彰显眼睛的通透质感。鼻梁、嘴唇的高光都提前留出,并刻画一下高光的边缘以凸显对比。彩铅笔触细腻,很方便刻画质感,嘴唇要有体积感,或润或有褶皱。高光也不是简单的一条,而是随着下嘴唇起伏。上嘴唇唇珠部位的右上方可以比上嘴唇其他部分稍亮一些,唇珠部位稍受一点光。

　　绘制毛发部分。模特发色较深,可以选择黑色、棕色等深色进行绘制。眉毛和头发同色,显得更整体,在绘制毛发时顺着其生长方向,留高光,注意整体的体积感和明暗关系。眉毛可以用黑、棕两色交杂着上色,绘制得自然、

真实一些。头发的高光在头顶边缘，发际处有一点反光，整个头发还受到一些冷光源的影响，稍偏蓝色。我们一共用到了4个颜色，用最深的黑色绘制暗部并重涂头顶部分，留出高光，用暖一些的棕色表现发色的真实感，用冷紫黑色涂背光部分即头发左部及右侧鬓角，呈现冷背光状态，用浅蓝色淡染带出一些高光和反光的环境色。

这样就完成了这幅画的人体部分，我们可以抛开细节看一下整体，看看前后有没有拉开区别？比如耳朵等处于稍后的部位整体颜色对比是否较弱，骨架造型、手臂、肩膀、脖子等部位塑造得是否立体等。

6.2.4　服饰上色

本章展示的礼服裙很具代表性，其颜色是灰黑色，质感是闪亮薄垂的，贴身及地的抹胸连衣裙，外罩黑色镶羽毛薄纱。通过绘制这个范例，可以一次性解决多种问题。给服饰上色的步骤也和皮肤一致，由浅至深，遵循由主及次的上色方式，先上主体色，再涂画辅助的环境色等。

外有覆纱、蕾丝、雪纺或PVC等透明面料，通常都是先上里面的颜色。用彩铅绘制这种无彩色系时装时，绘制黑色到中灰色衣物可直接用黑色，利用轻重不同表现明暗深浅的变化，一支笔便完成了整件衣服的结构轮廓以及颜色的渐变过渡。浅灰色的衣物用灰色表示亮部，黑色过渡着浅涂暗部。白色衣物就是亮部留白，灰度区域到暗部用灰色彩铅由轻及重过渡即可。所以这条内为中灰、外覆黑纱的裙子，用一支黑色笔来搞定大面积的颜色即可。

首先，用黑色轻涂内裙，留出高光的形状，这是体现人体起伏和衣服结构的关键，不可随意草率地处理。先把不是高光的区域都统一成灰色，顺着衣服的结构和人体的起伏来涂。如果想细化处理，可将外面覆纱的重叠处浅涂一层灰色，两侧的网纱处于堆叠状态，较密，故颜色更深。统一深色部分，之后上第二个层次。沿着边缘结构往里带，一遍遍加深暗部，着重刻画褶皱转折及明暗交界，让轮廓和结构起伏更加明显。因为外面有罩纱，且光源来自右上，所以内裙虽为易反光的亮片，却没有很多反光的存在，高光主要集中在人体的突起部位。而两侧及转折处颜色都较深，可多画几遍，刻画出模特婀娜的姿态和身形。

继续绘制罩纱，也是沿外轮廓、边线往里渐变着画，由边缘的重逐渐至内部的浅，画出纱的薄透以及层叠加深的质感。裙摆的羽毛飞舞四散但不凌乱，需要成组绘制，笔触从根部向尖部走，先重，逐步变轻，画出羽毛的感觉。

画毛绒质感时笔尖可以不用过细，一簇簇、一组组的即可，再绘制一些飞舞的长短断点，表现出轻飘的羽毛姿态。绘制羽毛时需画出层次，羽毛整体处于黑色内，但还要分出层次、形态、走向，这都要求我们掌握好用笔的力度，把羽毛从根部到顶端的不同，以及各组羽毛间的交错表现出来。

最后，我们还需要丰富一下里面灰色的礼服裙，用黑色的彩铅点一些碎点表现闪亮的质感。注意点缀要有疏密，不要面面俱到，在高光周围要点一些，因为光源照射的周围明暗对比强，折光明显，也可以破一破高光的形，使其显得更加自然，闪亮的质感更加明确。我们还可以用蓝色、粉色、黄色等多彩的颜色（一般2～3个颜色），来丰富一下内部灰色调的闪亮礼服裙，一来表现其闪亮质感的反光效果，二来也可以打破整体灰暗的沉闷，使单一色彩有点多彩的情调。这些彩色直接顺着结构线走向在内裙上轻轻薄涂，带出一点点色彩即可，可以几种颜色混合、渐变着涂，不要过于生硬地一块黄、一块蓝的，让颜色自然过渡附着在灰色礼服裙上即可。

6.2.5 高光修饰

最后一步就是高光和点缀。这幅画的高光处理主要在表现礼服裙的闪亮质地上。我们可以用高光笔疏密不一地点绘，每个点都要肯定，下笔迅速，不要犹豫，也不要慢慢地填涂一个个工整的小白点。高光点在表现闪亮质感时有些大小不一或繁杂是很正常的。让高光点交杂在之前的黑色点子和灰色裙摆上，亮部多一些，背光处有一些，有过渡即可。这样绘制起来层次更加丰富，画面显得好看，闪亮的感觉也更加突出。

此外，如果眼睛上、嘴唇上等区别于皮肤，且质感突出的部位，之前没有预留明确高光，我们也可以再用高光笔补救一下。如果颜色不是很深，不那么油亮的皮肤或普通面料的衣物，在高光位置不小心涂上了不太重的颜色，可以直接用橡皮擦一下，再用彩铅修补即可。可能擦后不会洁白如先前的纸张，不过普通的衣物质地和不那么油亮的皮肤本身也不需要那么光洁的高光。

修饰完之后，我们的彩铅时装画也就完成了，相信大家通过这一阶段的梳理也都明白了如何使用彩铅来绘制时装画了。感兴趣的人可以试着画一画，或者把彩铅绘画技巧融合运用到马克笔和水彩时装画中去，画出自己满意的时装画。

6.3 ▸▸ 水彩女装精细讲解

6.3.1 关于水彩时装画

相对于马克笔而言，水彩更加温和，颜色可艳可淡、交融自然，笔触大小、形态的掌控完全取决于自身，可以绘制细腻、写实的，也可以绘制粗放大气、泼染洒脱的。相对于彩铅而言，上色快、噪点少、笔触不明显，颜色也可以更加艳丽、水润。不过水彩画需要用毛笔绘制，且绘制周期相对长，等待干燥也需要时间等，对于很多初学者而言掌握起来稍微有点难度。

本节的示范，主要采用便携的固态水彩、几只管装水彩以及中号头自来水笔。当然，也可以用水溶彩铅代替，用水溶彩铅按彩铅的方式上色之后蘸水来绘制，个人觉得效果不如直接用水彩绘制理想。水彩可以渲染更丰富的效果，在绘制水彩时装画时，需要注意的是尽量不要手抖，大的长线条的绘制，悬臂以手肘为轴，用小臂带动手中的毛笔走线，短线条用手腕带动小的细节，手落于纸上固定住，用手指带动来画细节。

6.3.2 用铅笔起稿

本例构图参考马克笔精讲部分，预留一定空间，绘制辅助线。建议选择浅淡、细硬的自动铅笔来绘制大的人体结构的轮廓，并进一步细化着装的模特。需要注意的是，画水彩画勾线时一般都会保留铅笔的痕迹，因为水彩毛笔的线条不容易控制，而且水彩画的重点在颜色的晕染上。水彩画一般比较注重颜色的清透明亮，所以千万不要画脏了。为了避免画脏，也为了让画面看起来更舒服，我们可以用比较肯定、清秀的线条来起稿，呈现出一种"完成稿"状态的铅笔稿。

如果对形体的控制、线条的使用掌握得很好，起稿时可像画速写那样直接勾勒流畅的线稿，这是最简单利落的办法。但线稿的"一气呵成"可能对刚接触时装画的人来说太难了，在这里分享几个解决线稿绘制难的方法。

首先，可以在轻浅的铅笔稿上再勾一遍形，然后用橡皮轻轻地擦除轻浅的铅笔线稿，留下较重的铅笔勾线痕迹，再进行修补即可。这种方法很容易掌握，是初学者比较适用的方法。当然，也可以在起稿的过程中勾勒

出稍重线条，最后统一擦除，可以根据自己的习惯来定。其次，可以将铅笔稿边擦除边用铅笔再次流畅地描绘，从上至下推着替代。再次，利用透写台，将铅笔稿或示范稿放在下面，用铅笔直接在上面透写。但水彩纸太厚，透光透写有点困难。也可以选择别的方式，比如投影之类的方式还是奏效的。

方法很多，找到适合自己的方法最为重要。在勾线时要注意线条的弹性，轻重、粗细适度，线条转折处、交会处可以稍用力，使线条稍微重一些，笔触能做到流畅自然、舒展清秀。画完线稿后，放远一点观察一下整体，检查比例、形态等是否得当。修善调整后，思考一下光源方向，然后进入下一步的绘制。

6.3.3 用浅色大面积铺色

　　水彩画上色的方式有很多，比如，先用水沿轮廓涂满，之后蘸颜色融入，使颜色自然晕染开的湿画法；也有干底渲染或多层堆叠的干画法；甚至还有直接蘸颜色不加水的干笔法，以及撒盐、留白胶留白、蘸水擦白、油水分离等方法。本节就用比较简单好掌握的方式来给大家示范——用自来水笔。这种笔适用于多种水彩画，比较方便操作。先铺皮肤的颜色，依旧从上至下、由浅至深依次上色。绘画时可通过挤压笔杆增大水量，用纸巾擦干笔头则笔尖干燥。绘制皮肤底色时可以保持笔尖湿润，蘸取一点赭石、橙色，也可以再蘸少量的红色或黄色进行肤色的调配。在绘制水彩画时，想要颜色清新浅淡不是加白色来调和的，加白色会使颜色污浊粉气，多加水颜色自然就变得更加透明了。

　　在这幅范画的绘制中，主要运用好掌握的叠画法。这种画法对纸张的要求、颜色的要求、笔的要求、技术的要求都比较低，适合初学者。底色铺一遍淡肉色之后，可以待其干些再上第二遍，颜料干透会和湿的状态产生色差，这就需要多尝试了。至于趁湿叠加还是待干再叠加取决于你希望两个颜色的融合程度，颜料越湿两色过渡得越自然，干后叠加可以绘制较明确的颜色界限，各有各的效果。

　　大面积的颜色绘制要由浅入深，逐步深入，对于深色趁颜料湿润可用水稀释，使颜色变淡，颜料干透之后就很难再让它自然减淡了。给服饰上色的步骤也和皮肤一致，也是由浅至深。除此之外，遵循由主及次的上色方式，先上主体颜色，再来涂画辅助的环境色等。模特的红色礼服裙质感薄垂，为雪纺质地，及地抹胸饰有珠闪。用调和好的皮肤色加重了裙内骨架、内搭的结构，再顺结构平铺、层叠礼服裙的红色。大面积的颜色上色完成后，待颜料变干。

6.3.4 逐步深入塑造

给皮肤、裙子大致上好色后开始绘制面部的细节，包括五官、腮红、眼妆等。腮红顺着颧骨下面凹陷的走向上色，眼妆顺着上下眼睑和卧蚕的走向上色。睫毛太细腻，可以待纸面干透后用 0.05mm 的针管笔有疏密长短地勾勒。黑眼珠很小，高光可以之后提点，嘴唇、金属头饰等这些高光都可以在后面处理。顺着形体的起伏一层一层地丰富，塑造体积感，依旧是沿边缘向中间走笔，画出体积的起伏及过渡。

水彩覆盖力不强，除非用干笔直接蘸取颜料厚涂堆点，否则浅色很难遮盖深色。蘸水调和水彩颜料，画完一色如柠檬黄，在纸面湿润的情况下再叠加一色如湖蓝，交叠的部分便可呈现出二者堆叠出的绿色。这种透明水性颜料，即便是深色覆盖浅色通常也会透出浅色的痕迹。所以，模特的腿部即使被雪纺质感的长裙覆盖，依旧涂了比皮肤稍淡的肉色，以展示面料的通透。

上色时注意尽量不要在铅笔线稿上涂抹，会导致画面看起来模糊、脏乱。按"暗—明—暗"结构上色，层层递进，预留出高光，不建议用高光笔补画。皮肤的转折凹陷、投影暗部等深色区域也要画得通透，投影的边缘轮廓深一些，往里面渐淡，这种过渡会显得暗部和投影更加透气，切记过渡不要太大，使整个投影显得浅淡失去体积感。在上色时，可以交杂多种颜色，同色系或不同色系均可，道理类似于之前讲过的彩铅绘画示范，用冷暖色绘制明暗关系，这样画面会更加清晰通透。

毛发的绘制要顺着其生长方向，提前留出高光，注意整体的体积感和明暗关系。案例中模特发色为暖棕色，高光偏冷，用土黄、赭石、褐色、棕色等接近发色的颜色加入一些环境色进行绘制，在高光中融入一点淡蓝色，在暖棕的发色里加上一丝冷光形成冷暖对比，使得画面更加丰富、自然。眉毛和头发同色，绘制眉毛可以交杂着细致地填充上色，顺着生长方向绘制得自然、真实一些。

人体的部分填涂完毕后，抛开细节看一下整体，再来深入绘制服饰和细节，拉开裙子的亮部和暗部，增加层次，体现质感。雪纺礼服裙质感轻薄微透，不要把颜色画得过深，强调一下衣服褶皱处及边缘等面料堆叠的地方。雪纺面料没有高光，不用留白，亮部或雪纺层数少的部分颜色浅于褶皱转折以及边缘结构位置。深浅过渡自然，但过渡主要处于深色线条周边的几毫米内，以体现雪纺的面料效果。裙内的衣骨可以再用淡红色描绘一遍，让其在上过一遍红色之后还能隐约显示。上色时沿着边缘结构往里画，过渡着一遍遍加深暗部，更加凸显边缘让轮廓和结构起伏。塑造裙子的层次、形态、褶皱的走向等，绘制完服装后再

看皮肤的颜色深浅、对比和衣服是否配套，投影是否足够、通透与否，以及整体色调、冷暖对比等问题。注意，如果让一个颜色深下去，可添加更深一度的颜色或其他颜色调和，或者绘制时少蘸水，比如红色底上的投影可以用深红加点普蓝、深紫、赭石等颜色，看画面需要来定，想让大红色看起来更稳、更自然，可以加一点偏暖的绿色调。

　　大体的颜色上完后，最后一步就是高光和点缀。这幅画的点睛之处主要在提点礼服裙的闪亮珠饰上。可以用干燥的笔蘸取膏状颜料来点蘸，也可以用画笔蘸取颜料点画礼服上的钉绣珠饰，可以杂着点画出深浅不一的点表现出层次。将自来水笔尖擦干蘸取颜料，但笔尖容易浸湿，要保持笔尖干燥。可以用多几个颜色进行水彩厚点，比如深红、大红、橙色、紫罗兰、玫瑰红等，可不蘸水稍加调和，不用调得太匀。调和后的颜色比较丰富，由干至慢慢浸湿变得越来越淡，层次就更多、更绚丽，绘制时力度可根据需要来回调整，让笔触大小错杂一些，注意疏密让画面显得更加真实。

　　之后用高光笔在上面疏密不一地点绘，让高光点交杂在深红色点子和红色底裙上，对比明确突出，丰富画面的细节。绘制时下笔要肯定，不要填涂工整的小白点，高光点在表现闪亮珠饰时有些大小不一或繁杂反而更出效果，显得更闪耀。

　　此外，眼睛上、嘴唇上、发卡上的高光没有预留，记得待水彩颜料干透后用高光笔细致地点画提亮。最后，细节修饰完成后还可以在服装上涂抹胶水，撒上闪粉和亮片，使画面看起来更具装饰性。

Chapter .07

时装画男装分类示范

男女装时装画的主要区别除了之前说过的人体和头部，还有衣服的一些结构和形态。衣物是为人体服务的，包裹在人体上，男装看起来更加宽大、硬朗。男装相比女装，变化样式相对较少，主要就是休闲装、正装、运动装等。本章主要给大家示范休闲装（包括稍正式的休闲装）及运动装等的画法。

7.1 ▶▶ 羽绒服灰色休闲装示范

Step 01 起稿

男性穿着平底鞋，俯视角度较小，趋于平视。按照人体比例绘制铅笔草稿，由较长的线条切出轮廓后逐渐细化。注意穿插关系及各部分结构，注意"宁方勿圆"，手和脚不要画小。大的人体架构搭建完毕后为人物绘制服装，注意男性人体的线条更为硬朗，不要表现得太柔。绘制羽绒服需要注意衣物的蓬松感，用线要"方"一些。羽绒服内充羽绒，鼓起处不易产生褶皱，外层面料较薄，多处于转折绗缝处，且褶皱细而少，故褶皱不要画得过厚、过粗。男性裤装切忌大腿上画出长横褶（或斜褶），破坏大腿结构，无法呈现腿部鼓起的形态。插兜的手部要注意体现其体积感，不要画瘪了，体现不出骨架。绘制帽饰要注意头部的结构，因为帽子是包裹在头上的。针织帽饰常有罗口，注意罗口线条近大远小的疏密关系。如果帽子整体都是罗纹的织法，则结构鼓起处罗纹被撑开，线条距离加大。

Step 02 勾线

铅笔稿完成后使用棕色或黑色勾线笔勾画皮肤部分及细节，用秀丽笔勾画服饰，同样要注意疏密、结构，使线条看起来既流畅、有弹性，又自然、张弛有度。

画面中罗口以及鞋带都属于比较密的部分，注意层次，罗口细节的疏密以及鞋带前后的遮挡和穿插关系。褶皱的形态、布局十分重要，绘制褶皱时要注意膝盖部分的褶皱形态及其穿插关系，不要把腿部、膝盖的结构和前后关系画错。画面勾勒完毕后待勾线完全干透，轻轻擦去铅笔稿痕迹。

Step 03 上色

　　线稿完成后先进行人体部分的上色，之后为衣服上色。一般先从浅色入手，由浅至深。用马克笔上色时注意排线的爽利、紧密、有序，上色迅速、肯定、一气呵成，从边缘线条向中间鼓起处带着涂出同色间明暗的柔和过渡。乱涂上色会导致层叠不齐、颜色不均，笔尖过于用力或点顿会使颜色加深，涂染层数过多可能还会导致纸面发毛起绒，不好深入绘制。

　　在绘制白色服装时，可将亮部留白，暗部用浅灰色马克笔绘制以表现背光。内搭灰色上衣用深色马克笔绘制暗部，用浅灰色马克笔绘制亮部，表现体积结构。填涂灰色时要注意灰色的冷暖对比，通常绘制服装时可以用偏冷或偏暖的灰色系（深灰、浅灰）来塑造。绘制时要注意冷暖关系的统一，即受冷光源影响，所有衣物包括人体的受光面都是偏冷的，对应的暗部则是较暖的，反之亦成立。

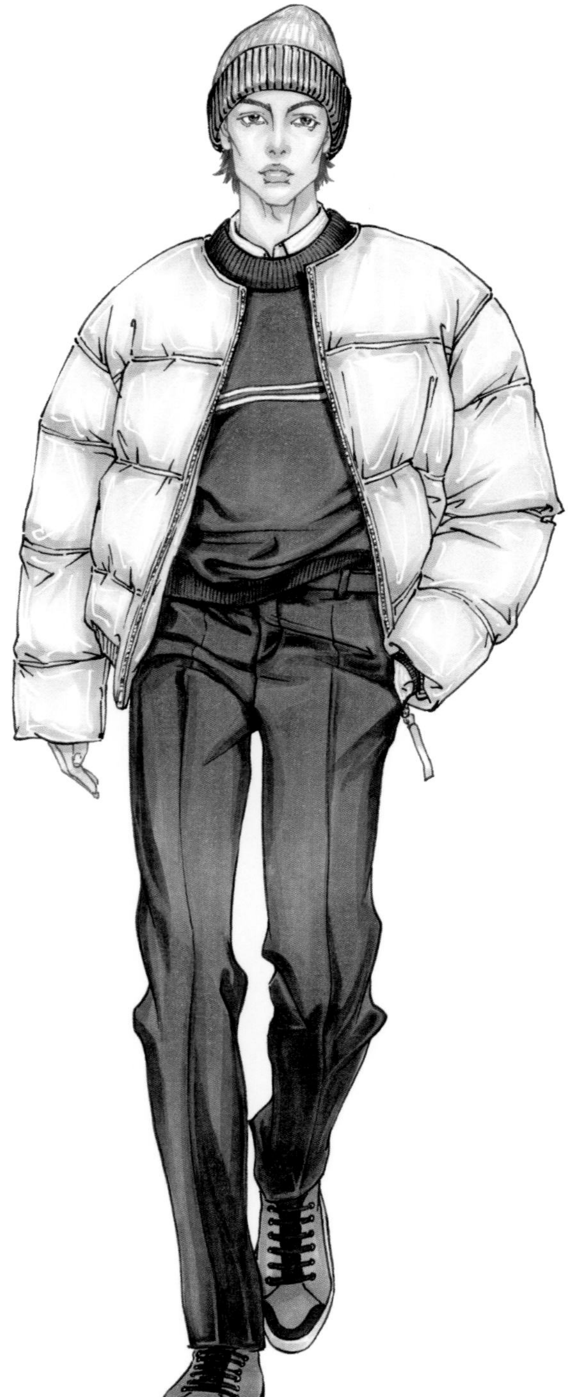

Step 04 修饰

毛衣上白色的针织装饰条纹在画面绘制完成后用高光笔绘制出来。深灰色的面料则可用白色彩铅进行深入刻画，勾画出面料淡淡的光泽，使画面更显细腻、丰富。灰白色针织帽及白色羽绒服的高光部分用高光笔流畅地提点，明确高光。最后丰富层次，修补画面，完成绘制。

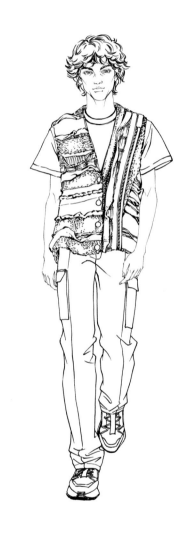

Step 01 起稿

用铅笔起稿，确定人物大致高度后绘制上下辅助线及中垂线，进一步确定人物位置和中心。按照男性的人体比例绘制铅笔稿后，用较长的线条切出轮廓并逐步细化。注意穿插关系及各部分结构及人体比例。模特头发蓬松有致，成组绘制，不要画得琐碎杂乱，看不出体积和形态。

服装相对宽松，背心的拼接结构分割出了各区域，T恤袖摆打开。大腿两侧的裤兜内未装物品，平贴于裤侧，切忌画臃肿。

Step 02 勾线

铅笔稿完成后使用棕色或黑色勾线笔勾画皮肤部分及细节，用秀丽笔勾画服饰及细节，注意疏密、结构，做到线条流畅、顺滑。画面中针织部分的肌理、细节融合了点、线、面，需要重点深入刻画，体现疏密节奏。注意膝盖部分的褶皱形态及其穿插关系，不要把腿部、膝盖的结构和前后关系画错了。待笔迹完全干透，擦去铅笔稿痕迹即可。

Step 03 上色

　　线稿完成后通常先进行人体部分的上色。注意，从浅色入手，由浅至深为衣服铺色。模特裤子颜色较深，故从灰度色入手铺色，之后用浅色涂小面积亮部，用深色勾勒暗部。这样涂深色服装比较简便，免去了大面积平涂浅色的步骤，省笔也省力。使用马克笔上色、排线时用笔要爽利、紧密、有序，上色迅速、一气呵成。从边缘线条向中间部分绘制，表现出同色系中明暗的柔和过渡。注意上色有序，否则层叠不齐，导致颜色不均。笔尖过于用力或点顿会加深颜色，涂染层数过多纸面易发毛起绒，难以深入。

　　白色T恤和运动鞋亮部留白，过渡部分和暗部用浅灰色表现即可。裤子可以选择从中等明度的颜色入手，先勾勒出转折、褶皱的颜色，再由浅入深逐步递推，塑造出明暗关系。针织背心错杂拼接，毛圈肌理可用点画的方式表现，上色时注意区分近似色的不同。

 修饰

　　白色 T 恤、运动鞋以及针织拼接背心的圈织结构和细节等用高光笔勾勒、提点，体现面料肌理和细节，丰富层次，调整画面，完成绘制。

7.3 ▶▶ 墨镜格纹大衣西裤示范

 起稿

确定人物大致高度后用自动铅笔起稿，绘制上下辅助线及中垂线，进一步确定人物的位置和中心。按照人体比例用较长的线条画出轮廓，之后逐渐细化，搭建完人体架构后为人物绘制服装。服装上的图案在起稿阶段可以不必绘制，勾勒好大的服装结构即可。模特手部插兜，注意手部的结构和体积感的塑造，裤子折痕的绘制要做到自然流畅且处于腿部鼓起高点，也就是基本位于腿部架构线上。服装面料的图案在起稿阶段不必绘制，勾勒好大的服装结构即可。

Step 02 勾线

铅笔稿绘制完成后可使用棕色或黑色勾线笔勾画皮肤部分及细节，顺滑的头发也可以选择用棕色或黑色的秀丽笔来勾勒。秀丽笔同样适合勾画服饰，不过绘制时要注意厚重衣物不要画得过于修身，衣服有厚度、有骨架。此外，还要做到线条流畅、顺滑。待勾勒的线条完全干透，擦去铅笔稿的痕迹，勾线稿就完成了。

Step 03 ▸ 上色

　　先给人体部分上色，然后给服装上色。上色时通常会选择从浅色入手，并按由浅及深的顺序涂色。使用马克笔绘制时要注意排线的爽利、有序，上色迅速、肯定、一气呵成，从边缘线条向中间绘制出同色调中明暗的柔和过渡。对于模特大衣的白色部分，亮部留白，暗部用浅灰色表现背光。白底深色花纹的服装，可以先绘制面料底色的深浅、受光及背光，之后再在上面添绘图案、纹理等。绘制图案、纹理时务必注意服饰的结构、起伏。衣物的体积感、结构除了用明暗、转折体现，面料上的图案、纹理的疏密变化，以及其在转折、鼓起、凹陷处随之变化呈现的形态同样会显示出服装的体积和结构。卡其色的裤子和针织衫由浅至深依次上色，画出受光及背光的差异，塑造出形体转折。墨镜要画出通透的感觉，皮鞋要画出硬质牛皮的奢华光泽，之后进一步填充所有细节的颜色，完成上色。

Step 04 修饰

　　卡其西裤上的格纹，以及皮鞋高光和服装细节等用高光笔勾画、提点，"提"出浅于面料底色的纹饰，以丰富画面的细节和层次。斜纹呢大衣上细密的黑白间条用黑色秀丽笔沿大衣起伏排线勾勒，体现出衣物的质感。

7.4 ▶▶ 蓝黑休闲运动装示范

Step 01 起稿

用铅笔起稿，注意穿插关系及各部分的结构。卫衣外套较为宽松，趋于直筒状。内搭长袖宽松打底衣，因此外套相对有些"膨胀"的感觉，袖子和躯干部分褶皱稍显平均。

Step 02 勾线

卫衣的罗口部分比较细密且该部分为黑色，勾线时可画可不画。注意膝盖部分的褶皱形态及其穿插关系，不要把腿部、膝盖的结构和前后关系画错了。

Step 03 上色

使用马克笔上色，黑色服装可用深灰色马克笔绘制亮部，用最深的黑色绘制暗部。灰色系也有冷暖之分，但深灰色系的冷暖不及浅灰色系的明显。颜色是通过光来传播的，所以除了暗部有反射环境色的反光，处于无光或少光的暗部颜色会趋于统一色调，而亮部除高光外则是五颜六色的反光。

选择浅色系大面积地铺色，再选择颜色较深的马克笔绘制出基本的明暗关系。卫衣的黑色罗口可用深灰色铺底，然后用黑色迅速绘制、勾勒，注意近大远小、近疏远密的透视规律。卫衣、帽衫所用的材质和工装裤面料都没有明显的高光。上色时用同色系的深浅不同的马克笔均匀填涂，可不留白，注意明暗结构即可。牛皮鞋的材质相对坚硬光滑，可分别用冷暖灰色表示受光、背光面，同时注意反光的绘制，体现皮鞋的结构、体积感和质感。

宝蓝色内搭上的白色图案，以及黑色卫衣上的白色字母等部分均用高光笔来描绘。注意覆于面料之上的图案都要符合面料的形态，字母要有字体，大小、形态均匀、一致，不要画得过于潦草，要绘制出印刷感。金属的项链、皮鞋的高光、衣摆遮住的金属拉头等也都用高光笔流畅地提点、修饰。此外，还可以用彩色铅笔丰富一下黑色卫衣的层次，表现一点环境色，使比较沉闷单调的黑色卫衣更耐看。皮鞋的亮部可以用淡蓝色的马克笔处理一下亮部以明确冷暖关系，丰富层次。可以在高光上叠涂一点淡蓝色，可以只部分渲染亮部，具体情况依画面而定。

Chapter 08

皮革类面料时装画示范

　　本章从面料、材质及工艺等方面分类讲解绘制的技巧和要点。通过案例的示范，向大家介绍不同种类的时装画法。

　　皮革种类繁多，质感也不同于一般的布料，表面有的光滑，有的粗糙。在制作手法上，有表面覆膜的，有染色的，有漂白的，还有涂饰皮、抛光皮、压花双色皮、仿古皮、擦色皮、龟裂纹效应皮、石磨效应皮、金属效应皮等。皮革鞣制、处理的方式很多，各有特色，薄厚不一，在时装画中也有着广泛应用。皮革是经指经脱毛和鞣制等物理、化学加工所得到的已经变性不易腐烂的动物皮。革是由天然蛋白质纤维在三维空间紧密编织构成的，其表面有一种特殊的粒面层，具有自然的粒纹和光泽，手感舒适。皮革有一定的弹性，根据其质料不同，弹性也有差别。

　　在市场上流行的皮革制品有真皮和人造皮革两大类。合成革和人造革是由纺织布底基或无纺布底基，分别用聚氨酯涂复并采用特殊发泡处理制成的，有的表面手感酷似真皮，但透气性、耐磨性、耐寒性都不如真皮。

　　按皮革的层次分，有头层革和二层革两种。其中，头层革有粒面革、修面革、压花革、特殊效应革、压花革；二层革又分猪二层革和牛二层革等。还有很多特种皮，比如昂贵的高品质的鳄鱼皮，以及也相对稀有的各式鸵鸟皮、蜥蜴皮、蟒蛇皮、珍珠鱼皮等。仿制的稀有皮也有很多，有用真皮刻花、压花或者上色、覆膜等方式制作的，也有用人造革直接压印图案的。大部分人造皮革制品价格更为低廉，张幅相比真皮更加不受限制。随着工艺的进步也发展出了更多样式，面料不论是弹性、耐磨性等各方面都有所进步，深受很多年轻人的喜爱。

平面印花

真实皮毛

磨砂麂皮

柔软丝绒

磨砂皮革

亮面漆皮

光面牛皮

刻纹牛皮

动物毛皮

本节通过一张图来简单地区分各种皮革样式的不同特征。从示范案例中的衣物可以很明显地看出衣身部位质感较为粗糙的磨砂皮，衣领、袖子、饰边以及短裤所用的较硬挺的光面牛皮，腰上装饰的小面积的有微褶皱处理的软亮面漆皮，以及小包所用的刻纹牛皮和鞋子所用的动物纹短毛皮。

各种质感各不相同，磨砂类的通常没有较强的高光，即使有高光也是用浅色彩铅（比如白色）在用马克笔涂好的底色上，于高光的转折处叠加描绘。漆皮则有亮高光，且高光有轮廓，对比明确，如果是皱纹漆皮，则高光呈波纹断点状。常见的亮面牛皮和刻纹牛皮都可以用白色高光笔提画高亮部位，不过从暗部到亮部的过渡应该是渐进的。这里讲的短皮毛部分和之后所讲的皮草的简单区分就是这个毛极短，且质感较硬，高光油亮。毛的质感只需用彩色纤维笔点一些毛渣表现一下，高光用碎点断线表现出油亮的感觉就完成了。示范案例中对比了印花动物纹和真实皮毛质感，以及丝绒和磨砂麂皮的效果，这些容易混淆，在绘画时可对比参考。此外，画面中也给大家示范了铆钉，铆钉和光面皮革的组合运用较常见。有时还会出现编织皮革的手法，绘制时可参考皮革绘制以及时装画手绘面料章节列举的编织的画法，二者相结合即可。

8.2 ▶▶ 西服套拉链皮夹克

 起稿

用铅笔起稿，找好人物大致高度后，绘制上下辅助线及中垂线确定人物的位置和中心。按照人体比例绘制铅笔草稿，用长线条画出轮廓后进一步细化并绘制服装，注意穿插关系及各部分的结构。皮夹克比较硬挺，硬挺的面料褶皱较少，注意驳领的形态和衣服的结构，皮夹克、西服上衣、裙子及外披皮革装饰层叠穿插。用线流畅顺滑、干净利落。裙子过膝，裙摆在走动间有俯视，也有仰视，有层次和变化。在绘制靴子时注意其厚度、靴子和脚部的包裹关系，以及鞋体和鞋筒部位的衔接。

Step 02 勾线

铅笔稿完成后使用棕色或黑色勾线笔勾画皮肤部分及细节，用秀丽笔勾画服饰及头发，注意疏密、结构，还要做到线条流畅、有弹性并且顺滑。皮夹克的细节相对烦琐，拉链、金属扣饰、冲孔等都可以用黑色勾线笔来描绘，注意细节的精致。

　　线稿完成后通常先给皮肤上色，人体部分上色完成后为衣服上色，由浅至深。使用马克笔上色，从边缘的线条向中间绘制，画出同色间明暗的柔和过渡。由于模特发色接近黑色，为了营造画面的统一感，在头发的处理上也做了冷暖与环境色的渲染，与皮革的冷暖、环境色形成呼应。

　　浅米色服装的亮部可以选择小面积留白或用浅米色延展衣服的起伏来铺底。暗部用深米色马克笔绘制，表现背光，并渲染浅的暖灰色中和一下，降低服装的饱和度。绘制黑色光面皮质感的服装时表现出冷暖倾向更能展示出皮革的质感。用偏冷色调的深灰色马克笔绘制黑皮夹克与皮靴的背光，统一皮革的灰黑色基调。再用低饱和度、明度的蓝灰色马克笔渲染皮夹克、皮靴的受光部分，使受光部分偏冷。用偏暖的灰色马克笔绘制暗部与亮部的渲染衔接，中和蓝色的突兀，增加暗部的暖色倾向。最后用黑色的马克笔强调暗部形态，加强对比和层次。皮夹克相比皮靴光泽更加缓和，皮靴质感更倾向于漆面，高光相对明确，可提前将高光预留出来。皮革上的金属细节可以用深灰色和浅灰色马克笔简单地铺底备用。

Step 04 ▶ 修饰

　　在上色过程中，金属细节用灰色铺底，色调比较暗，如何不用金银色就让金属亮起来呢？这就要靠强对比了，也就是金属部分高光一定要够亮、够有形，金属的明暗交界线一定要够重，也要有反光，最好还能反映出环境色。这个画面中金属部分比较细碎且服装颜色相对简单，基本处于无色状态，不需要刻意强调环境色。高光可以预留，当然也可以在最后一步用高光笔提点、强调。

　　皮夹克为亚光效果，可以不用高光笔提点。皮靴高光明确，我们可以用高光笔流畅地绘制出高光的形态，表现出皮革硬亮的质感。此外，还可以用彩铅丰富一下黑色部分的层次，点缀、强调一些环境色，给比较沉闷单调的黑色暗部来一点暖味的黄色，并用蓝色彩铅绘出冷暖的渐变过渡，使画面更具层次感、更加细腻。

8.3 ▶▶ 黑漆皮大衣蓝裤袜

 起稿

用铅笔绘制上下辅助线及中垂线，确定人物位置和中心，按照女性的人体比例绘制铅笔草稿。用长线条绘出轮廓后逐渐细化，人体架构绘制完成后为人物绘制服装，注意五官的刻画，以及各部分的结构和穿插关系，线条要方圆结合。

漆皮大衣质地较为硬挺，即使束腰也有厚度，不要画成紧贴身体的束身衣。褶皱只出现在转折凹陷的部位，绘制要讲究。注意领子要包裹脖颈，切忌勒得太紧。大衣的用线要流畅自然、干净利落，注意细节的疏密，以及大衣底摆和领口、袖口的形态。鞋带的前后穿插，以及均匀、规律的状态要把握到位，细节往往进一步体现出绘者的画工和水平。

Step 02 勾线

铅笔稿绘制完成后用棕色或黑色勾线笔勾画皮肤部分及细节，服装及头发可选择黑色秀丽笔进行勾勒，鞋带、气孔、拉链等细节可以用针管笔来勾画。勾勒时注意细节的处理和穿插关系。

Step 03 上色

　　线稿完成后给人物上色，先给人体部分上色，后为衣服上色，上色的顺序是由浅至深。在使用马克笔上色时，排线要爽利、紧密、有序，上色迅速、肯定、一气呵成。浅湖蓝色的厚丝袜微微透出腿部的肉色，色调偏暖，和丝绸感的系带靴颜色相近，但质感不一样。通过观察可以发现，一般丝袜类或透明质感的面料，往往越是靠近边缘、转折处，层叠次数越多，颜色越深，越体现物料本身的固有色。

　　黑色漆光面皮革质感的大衣表层光滑，反光能力很强，虽不及金属、镜面，但高光与其他区域交界线的明暗对比大，环境色的影响也相当强烈。受到挽起的棕色丝绒袖口的影响，靠近袖口的漆皮部分受到棕色环境色的影响。黑色部分的亮部可用深灰色马克笔绘制灰黑色的基调，后用黑色压深暗部，强调体积、转折和层次。漆皮面料高光丰富，均是随着褶皱起伏形成的，因其材质光滑，高光明显，可以预留出部分高光的位置，让颜色和高光在黑白的强对比之下能相对自然地衔接。

最后一步，将漆皮大衣、丝绸系带靴等有光泽的表面和细节部分用高光笔勾画、提点，线条精劲顺畅、爽利自然、疏密有致，体现出面料的质感和细节的精致。此外，还可以用较鲜艳的蓝色、粉色、橙色等彩铅丰富黑色漆皮大衣的质感和层次，并渲染一点环境色，使之显得更加真实。蕴含多种色彩的折射与光晕，近看有细节，皮革漆光质感也更加强烈。

8.4 ▶▶ 皮衬衫半披大衣格纹裙

Step 01 ▶ 起稿

　　用铅笔起稿，找好人物大致高度后绘制上下辅助线及中垂线，进一步确定人物的位置和中心，注意穿插关系及各部分的结构。绘制服装时注意廓形结构，由于皮革面料硬挺，褶皱往往只在较为关键的转折处出现，线条通常硬朗，没有那种细密的碎褶，在绘制时可以表现得潇洒一些。

　　过膝裙大概呈筒状，走动间形成有遮挡的褶皱，注意前压后的关系及裙褶的位置。示范图中裙子的花纹为平铺型的格纹，比较多彩，没有很明显的黑色轮廓，以及立体的、突起的结构，所以起稿时可以先忽略。靴子属于中高筒拼接型，材质比较硬挺，褶皱大多位于脚踝转折处。绘制时要注意靴子在脚踝处的宽度，不要画得过于贴合。

Step 02 ▶ 勾线

　　铅笔稿完成后可以先用棕色或黑色勾线笔勾画皮肤和细节，然后用秀丽笔勾画服饰和头发，勾勒时考虑疏密、结构，注意用线的流畅及弹性。皮衬衫硬朗的线条在勾线时要有所体现，轮廓和褶皱的用线也要刚劲有力。外披的大衣搭在肩上只显露一半，所以它要搭在皮衬衫的骨架之上，大衣自身的厚度几乎比模特单侧肩膀宽出一倍，不可画窄，要体现结构和体积感。蜷曲的手臂细节非常丰富，手肘转折处的褶皱及大衣底摆流苏等的刻画要细致，注意变化和节奏。流苏随着走动有前后摆动形成的遮挡，绘制时要注意成组绘制，单根流苏的长短是一致的，不要画成皮草的感觉。大衣的厚度通过袖口、转折、褶皱等部位可以体现出来，流苏和大衣材质相同，质感较粗，不要画成细丝的感觉。裙两侧的抽褶节奏均匀，但是褶皱的形态各不相同，这一点大家要注意，绘制褶皱时要注意规律中的变化，有穿插和疏密变化。

Step 03 上色

　　使用马克笔上色。上色时先填涂人体，然后绘制服装部分。从浅色入手，逐渐加深层次。绘制时排线要爽利、紧密、有序，上色迅速、一气呵成，从边缘线条向中间绘制出同色间明暗的柔和过渡。

　　模特皮质衬衫质地光滑，绘制时注意高光的留白，以及表现出较强的对比。在绘制完大的棕橙色基调后，可以渲染一些淡蓝色，使之看起来更加稳定、真实、层次丰富。在为紫灰色的大衣铺好较浅底色后，于门襟处留出窄条边缘，之后沿边缘向内部绘制，加重层次，表现其厚度。当然，转折或被遮挡的暗部也要加重。在涂色时，注意裙子两侧抽褶的起伏、明暗的变化，中间部分的图案在白底上面，先用浅灰色简单地表现明暗关系及转折，之后随着裙子的起伏绘制格纹。

　　注意区分靴子的材质，上半部分的金属光泽要明确，绘制时将明暗拉开，对比加强；下部花纹图案的鞋面可以先铺底色，再渲染一些颜色，橙红色鞋面的基调和上装及细节呼应，相得益彰。

皮衬衫的高光、大衣的罗口、裙子上的格纹、靴子的高光和花纹，以及配饰的光泽等细节均用高光笔来勾画提点。注意明确高光形态，丰富画面的细节和层次。画面中的深色部分，如裙子两侧的抽褶可用彩铅来丰富层次，加入一点环境色，柔和地提亮画面，使比较沉闷单调的深色更加出彩。

8.5 ▶▶ 金属外套裙帽衫

 起稿

用铅笔绘制上下辅助线及中垂线，确定人物的位置和中心，用长线条绘制轮廓后逐渐细化铅笔稿。在整体的人体架构搭建完成后再为人物绘制服装。注意穿插关系及各部分的结构，因为手插在兜内，不要画得瘪进去，要体现骨架。

金属皮革外套裙的质地，类似于在皮革上烫金属色的感觉，这种金属质感的皮革面料一般都会采用覆膜或烫金等工艺。这件金属皮革的外套裙质地比植鞣革或一般牛皮鞋的皮料要柔软，弯折的位置会出现较多褶皱，质地较厚，绘制时注意不要过于贴身，要仔细刻画。模特的帽子要搭在头上，不要画得过于包头或轻浮。靴子是西部牛仔的风格，皮革硬挺，极少褶皱，绘制时注意线条要硬朗。

Step 02 勾线

铅笔稿绘制完成后，用棕色或黑色勾线笔勾画人体和细节，用秀丽笔勾画服饰，头发可用棕色或黑色秀丽笔勾勒，在关注线条疏密、整体结构的同时还要注意线条的流畅性。

金属皮革外套裙由于拼接缝合较多，所以会呈现一些较短的褶，绘制时要细致地刻画。这些褶皱虽然看起来有些琐碎，但是一是可以体现面料特性，二是小的横褶也和竖长的缝线、结构线形成对比和错落，在绘制时注意穿插和变化。拉链等细节可用较细的勾线笔来绘制。

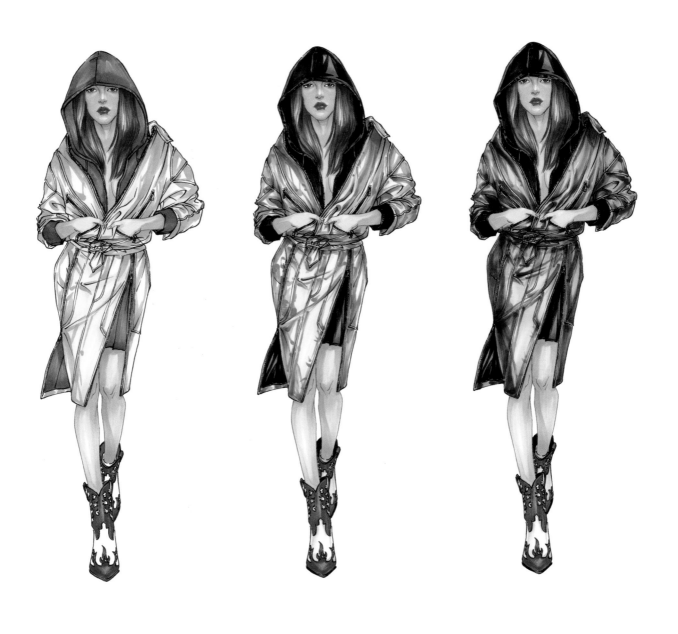

Step 03 ▶ 上色

　　线稿完成后先给人体上色，然后给服装上色。绘制这种金属色面料要注意加强对比，也就是亮部要够浅、够亮，暗部也必须压下去，凸显其光泽。高光可以留白也可以最后勾勒，这个案例示范的是不留白的方式。

　　使用马克笔上色，先用浅的黄绿色和蓝绿薄荷色铺底，处理成亮部偏冷、暗部偏暖的基调。然后逐步深入塑造，明确对比关系。画出层次感和绿色调中的冷暖变化，使画面中的金属色显得丰富一些。模特内搭的长卫衣的黑色罗口可用深灰色马克笔铺底，后用黑色勾勒，注意近疏远密，罗口要包裹住手臂，且罗纹要细腻、均匀。卫衣帽子边缘 1cm 左右的地方有缝纫明线，由于卫衣面料较厚，1cm 宽会因缝纫线出现褶皱，绘制时可以通过上色的深浅断点变化来体现起伏。绘制时避免画得千篇一律，注意讲究变化。

Step 04 ▶ 修饰

　　用白色高光笔来绘制各部分的高光以及金属皮革裙的部分反光，可以先框出大面积区域，之后用高光笔按顺序排线填涂。勾画细节的高光以凸显质感，修补画面使其更为精致。最后，用彩铅绘制黑色卫衣的罗口，使其区别于强高光质感面料，体现出细腻的罗纹材质，完成画面的修饰。

8.6 ▶▶ 高领针织吊带皮裙

Step 01 ▶ 起稿

用铅笔绘制上下辅助线及中垂线，确定人物的位置和中心，用长线条绘制轮廓后逐渐细化铅笔稿。在整体的人体架构搭建完成后，为人物绘制服装。类似漆皮质地的外罩吊带裙质地硬挺，呈筒状，比较宽松，褶皱直挺。内搭贴身的高领坑条针织衫，绘制时注意领子要包裹脖颈，不要画得过紧，有勒住脖子的感觉，要画出有层次、堆叠的感觉，切忌画得过于臃肿。

Step 02 ▶ 勾线

在勾线时要注意线条的流畅与自然，均匀中带有长短的错落，凸起处可以自然地留白，表现出起伏的效果与体积感。内搭的针织衫比较包身，注意表现人体的结构形态，不要丢掉最基本的架构。

靴子不是那种很紧绷的，属于筒靴风格，线条简单，褶皱仅局限于脚腕转折处。裙子的褶皱，也由于面料硬挺而显得刚直、爽利。蕾丝部分可以用勾线笔来细致地勾绘，注意两边的对称及近疏远密的规律，越弯转到躯干两侧，蕾丝的线条越浓、越密、越黑。

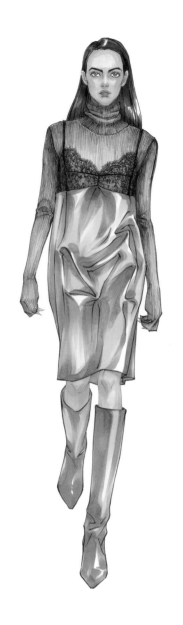

Step 03 上色

　　线稿完成后先给皮肤上色，再为衣服上色，上色时要由浅至深层叠递进。使用马克笔上色，灰黑色的皮裙冷暖交融，融入偏冷的灰蓝色调体现硬挺的质感，同时受粉色针织衫这一环境色的影响，绘制时渲染一些灰粉色，使画面更为丰富。将高光留白，使用深灰色马克笔勾画明暗交界处及暗部，强调转折处的明暗对比。针织内搭使用深粉色马克笔绘制暗部，用浅粉色马克笔绘制亮部。在前期勾线时已用疏密线条表现衣服包裹下的结构，所以在上色时就更加容易，两个层次足以刻画出体积感。

修饰时可用白色高光笔来勾画、提亮各部分的高光，强调皮革裙和皮靴的质感，并点缀细节、修补画面等。最后用黄色、群青色等彩铅来绘制、修饰，丰富灰黑色的皮革部分的反光，凸显其质感。最后整理画面，完成绘制。

8.7 ▸▸ 灰白毛衣蛇皮裤

 起稿

用铅笔绘制上下辅助线及中垂线，确定人物的位置和中心，用长线条绘制轮廓后逐渐细化铅笔稿。在整体的人体架构搭建完成后为人物绘制服装，注意穿插关系及各部分的结构，要刻画准确。粗厚的毛衣廓形较大，肩部较宽，袖子衔接处较厚。上衣的袖笼宽松肥大，注意不要把袖笼和袖筒画得太紧。

蟒蛇皮下装类似于紧腿裤，褶皱较少，注意绘制时要体现出模特腿部的动态。皮靴被套在裤子外，飞散的流苏要成组地绘制，有簇有散。

Step 02 ▸ 勾线

用棕色或黑色的勾线笔绘制人体和细节，然后用秀丽笔勾画服饰与头发，勾勒时考虑疏密、结构，还要注意线条的流顺性。

毛衣粗厚，线条圆缓，褶皱较少。在绘制罗纹时注意近疏远密、均匀得当。毛衣上的图案为黑色且较为细腻，可以在勾线时一并勾勒出来，注意疏密节奏及其形态，要随着毛衣的起伏而起伏。在勾勒皮裤时画出大的轮廓结构即可，轮廓线条尽量一气呵成。流苏因为是较小面积的点缀，且由于裤、靴勾勒的线条较少，所以流苏可以细致地刻画，根根分明，有前后错落与遮挡，和上装的罗口、图案呼应，成为画面中"密"的部分。

Step 03 上色

　　线稿完成后先给皮肤上色，再为衣服上色，由浅至深层叠递进。这套搭配中灰白色上镜率很高，不过材质各不相同，绘制时要注意区分。毛衣的灰白色比较暖，和靴子的暖灰白类似，但整体稍浅。皮裤为蟒蛇皮材质，比较繁复，远看处于中灰层次。绘制时这三者可先用暖白色进行铺底，毛衣质感厚重毛躁，没有强烈的高光和反光，而皮革质感则不同。接下来用较浅的暖灰色进行深入刻画，毛衣的坑条、罗口用马克笔细头绘制均匀，同时塑造出毛衣、靴子的体积、受光和背光。毛衣的领口和袖口都能体现出衣服的厚度，上色时注意加深边缘处，体现厚度的小转折。最后，用更深的暖灰色递进深入，绘制毛衣的图案和纱点，并强调皮靴明暗的对比。皮裤部分由浅至深层层推进，随着腿部的结构绘制出花纹。

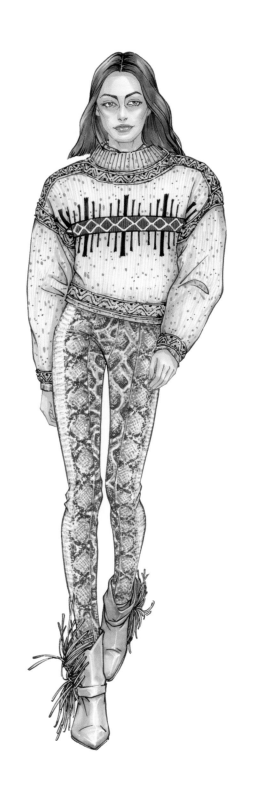

Step 04 ▶ 修饰

　　修饰时可以先用深灰色的彩色纤维笔来深入刻画细节，丰富皮裤的纹理和毛衣上深灰色图案的坑条等细节，使画面层次更分明，效果与质感更突出。之后，用白色高光笔来提亮各部分的高光，修饰、提点蟒蛇皮裤上面的花纹，以及内搭衬衫和毛衣上的图案。细致地刻画大面积区域可以先框出，再用高光笔按顺序排线填涂，勾画细节和高光以凸显质感，修补画面使其更为精致，画面就绘制完成了。

Chapter . 09

皮草、毛绒类面料时装画示范

　　皮草是指利用动物的皮毛所制成的服装，比较保暖，毛茸茸的，深受各年龄层女性们的喜爱。皮草的分类方法有很多，按毛被成熟期先后可分为早期成熟类、中期成熟类、晚期成熟类、最晚期成熟类。按加工方式可分为鞣制类、染整类、剪绒类、毛革类。按外观特征归纳可以分为：厚型皮草，以狐皮为代表；中厚型皮草，以貂皮为代表；薄型皮草，以波斯羊羔皮为代表。人们较为常用的是按原料皮的毛质和皮质来划分。其中，小毛细皮类主要包括紫貂皮、栗鼠皮（青紫兰）、水貂皮、水獭皮、海龙皮、麝鼠皮、海狸皮等，毛被细短柔软，适合做毛帽、大衣等；大毛细皮类主要包括狐皮、貉子皮、狸子皮等，这类皮毛张幅较大，常被用来制作帽子、大衣、斗篷等；而粗皮草类常用的有羊皮、狼皮等，毛长且张幅稍大，可用来制作帽子、大衣、背心、衣里等；还有就是杂皮草类，比如兔皮等，适合制作服装配饰，价格也相对低廉。

　　随着工艺、技术的进步，人造毛皮的种类和应用也越来越广泛。人造毛皮的制造方法有针织（纬编、经编和缝编）和机织等，以针织纬编法发展最快、应用最广。针织时，梳理机构把毛条分散成单纤维状，织针抓取纤维后套入底纱编织成圈。由于绒毛在线圈中呈"V"字形，具针织底布定形，不致掉毛。现如今有很多比较高端，价格也相对更高的人造皮草，织造细腻，质感柔软，且人造毛皮不受张幅限制，在制衣上有更多的可能性，也深受很多动物保护主义者的喜爱。由于皮草和毛绒面料的共性，本章将这两类面料放在一起讲解，介绍各式皮毛面料的绘制方法。

9.1 ▸▸ 皮毛的长短和走向分析

中长直毛

较短直毛

较长直毛

皮毛种类繁多，长短曲直甚至颜色都千姿百态，和我们的头发一样造型多样。本节就来分析各种皮草、毛绒面料的不同画法和特征。

首先分析一下直毛。在绘制不同长短的毛发时要注意毛发的走向，从根部往尖部，笔尖由压至提，呈现出毛发的走势和毛尖的质感。带底绒及长短针质感的皮毛可以先绘制短毛，再绘制长毛，分出层次。通常绘制皮毛时不仅会用到马克笔，还会用彩色纤维笔绘制细线条，用彩铅自由调节线条粗细、深浅、轻重的特性来塑造皮毛的质感。彩铅的颜色附着在马克笔绘制的底色上，多层次的绘制，自然、真实、细腻，将皮草的质感表现得淋漓尽致。然而较长的直毛类似于人的发丝，比较柔软，故而会随风蓬展、弯卷，绘制时不要将曲度过于夸张，随着风向摆动，用笔呈放射状绘制即可。绘制卷毛时特别要注意笔的走向，不论是整圈从中心呈放射状用笔，还是半圈、成组，都要有走向，一组或一簇，不能杂乱涂抹。否则，既不像皮草质感，也会没有体积感，不够立体、真实。

注意卷毛走向

放射 由粗至细

　　示范图中还给大家对比列举了多种手绘的皮毛，供大家参考。人造皮毛大体上与天然皮毛画法一致，不过颜色可能更鲜艳，样式也更丰富，可能会做漂尖、剪绒、染色、混织、复合、夹丝等处理，或者混有珠饰、亮片等。这种毛绒面料不论直、卷，材质可能都会生硬一些，没有天然的自然蓬松。

9.2 ►► 拼色皮草夹克亮条长裤

Step 01 ► 起稿

　　用铅笔绘制上下辅助线及中垂线，确定人物的位置和中心，用长线条绘制轮廓后逐渐细化铅笔稿，整体人体架构搭建完成后绘制服装。

　　皮草夹克由多块毛皮拼接，在大的形态基础上分块、分区，注意皮毛的走向和长短，要有变化且成组绘制，不要根根竖直，独立而分明。夹克较厚重，要先勾勒大的轮廓，再逐步细化，注意不要画得太过修身或太过臃肿。裤子属于微喇版型，上面部分较紧，能很好地呈现腿部线条，裆部有绷紧的横褶，膝盖以下较为宽松，绘制时不要丢了人体原有的结构。高领内搭的领部较宽松，绘制时注意不要画得过于紧绷。鞋子比较有设计感。夹脚凉拖配分趾袜，并以皮草饰边，绘制时重点还是要分析脚的结构形态，在此基础上增添鞋、袜。

Step 02 ► 勾线

　　和铅笔稿一致，在绘制皮草拼接夹克时要注意皮毛的走向和长短，勾线有疏密、有变化，长短交错，于深浅浓密间体现出不同皮草毛发的区别与夹克的层次。成组地绘制皮毛，注意不要根根分明地绘制，要自然蓬松，体现出夹克的厚重和皮草软蓬的质感。裤子褶皱的绘制要讲究，穿插关系明确，勾线的同时体现出结构关系和体积感。

Step 03 上色

　　线稿完成后先给人体上色，在完成人体部分的上色后再给衣服上色。使用马克笔上色时从浅到深逐步层叠，塑造出体积感与画面层次。皮草的转折突起部分往往会显出皮毛底板的颜色，所以这些位置在上色时可以轻轻带过，留一点纸面的白色，体现皮毛的体积及起伏变化。

　　黑色长裤由普通的面料和比较光滑、反光能力较强的覆膜细条组成，呈现出深浅不同的黑色条纹形态。由于覆膜条纹比较细密，用马克笔不容易刻画和表现其光泽，可先用马克笔深浅间条地绘制黑色条带，并塑造腿部的体积感及明暗关系。

Step 04 ▶ 修饰

　　这幅时装画需要运用白色高光笔的地方很多，例如，在内搭及裤子的图案上，以及皮草和裤子的面料、细节上等。绘制时装画最后要用高光笔来提点、强调，突出质感与细节。皮草夹克用高光笔来丰富皮毛的细节、走向，画出毛尖的光泽和层次。裤子的光泽条纹用高光笔流畅地绘制出高光的形态，表现出鼓起部位的光泽质感，能有很好的点睛效果。

皮草外套绸缎裙裤

Step 01 ▸ 起稿

　　用铅笔绘制上下辅助线及中垂线，确定人物的位置和中心，用长线条绘制轮廓后逐渐细化铅笔稿，整体人体架构搭建完成后绘制服装。

　　皮草外套毛茸茸的且蓬松，由内至外呈放射状散开，成组、成簇地绘制，笔触疏密多变。起伏褶皱可绘制出宽厚的效果，体现面料的厚度。长裤为筒状，面料质地较硬，褶皱硬挺，裤线明确。蝴蝶结的材质和裤子一致，绘制时要表现出系结所产生的褶皱。内搭的蕾丝饰边丝绒吊带比较贴身，包裹出胸形。下部的裙摆罩在长裤外，两侧高叉，模特的手插入裤兜的同时大拇指压住前片裙摆，产生了褶皱。下裙由于套在裤子外面，所以略显宽松。

Step 02 ▸ 勾线

　　铅笔稿绘制完成后，用棕色或黑色的勾线笔或秀丽笔来勾画轮廓，示范图采用了秀丽笔来勾画。蕾丝部分比较透明而浅淡，有镂空蕾丝的感觉，在起稿时可以用浅色的（比如浅米灰色）彩色纤维笔来勾画蕾丝的轮廓。

Step 03 上色

    上色时先绘制人体，之后填涂服装。使用马克笔上色时注意排线爽利、紧密、有序，上色迅速、肯定，从边缘线条向中间带着涂出同色间明暗的柔和过渡。还是由浅入深地叠推，层层递进着上色，以塑造体积感和丰富画面层次。彩色服装的暗部尽量选取同色系中不同明度的色彩或近似色来进行叠加和渐变，表现明暗、结构、颜色的层次。

    红色的蝴蝶结腰饰和裤装颜色趋于一致，要用明暗来区分，塑造出体积感和转折效果。下裙的面料光泽度较强，可加强对比。绘制小面积的丝绒部分时可弱化饱和度，体现出"绒"的质感。皮草外衣是用由深至浅的画法进行绘制的，外衣的绒毛根部颜色较深，而绘制皮草通常需要从内往外行笔，绘制出皮毛由粗及细的感觉。

**Step 04** 修饰

　　用白色高光笔来勾画、提亮丝绸、鞋子、绒毛等各部分的高光，尤其强调丝绸下裙的光泽，点缀细节。勾勒蕾丝的形态，使画面更加丰富且富有层次。蝴蝶结部分虽然和裤子颜色一致，但视觉上更为靠前，用高光笔勾画出高光后再用橙色或浅橙红色覆盖高光，使高光色调更为柔和。蝴蝶结腰饰就被"拉"到了裤子前面，更为突出。最后用极浅的彩铅（比如白色）来修饰丝绒内搭，丰富其丝绒的质感。最后调整画面，完成绘制。

9.4 ▶▶ 皮毛一体卫衣皮裙

Step 01 ▶ 起稿

用铅笔起稿，绘制休闲的皮毛一体连帽卫衣时注意廓形结构、褶皱的疏密变化。过膝的皮裙类似于筒状，走动间露出腿部，绘制时注意裙摆和腿部之间的遮挡与穿插。麂皮靴属于宽松堆叠的款式，先绘制靴子轮廓，之后在大的形态的基础上添绘褶皱。靴口因在制作时会做加固或内外层叠加缝合，比较硬挺，所以没有太多的褶皱。

Step 02 ▶ 勾线

上衣皮毛一体的质感通过以点连线的方式有节奏地勾画，点子有组、有单，和线条自然地结合。皮裙贴腿的部分有较细的褶皱，体现出其包裹在腿上的形态。

Step 03 ▶ 上色

服装以乳白色为主，先区分出连帽上衣与皮裙的乳白色系的区别。绘制时先用暖白色进行铺底，高光、亮部小面积留白，后用稍深的米色加重暗部。上衣毛绒质感厚重、柔软，上色时可用边铺线边点绘的手法绘制丰富面料的质感。给皮裙上色时用线可相对硬朗、爽快一些，表现出光面皮革的质感。

在绘制麂皮靴子时注意塑造褶皱的起伏，体现麂皮的质感。磨砂麂皮面料越靠近边缘或转折线则越浅，中间较深并向边缘自然过渡。帽子的棕色、小包的橙色、靴子的灰褐色与鞋底的黄色和服装的暖白色处于暖色调中，自然、和谐。

Step 04 ▶ 修饰

用白色高光笔来提亮各部分的高光，修饰皮裙、帽子及皮革饰边、鞋底等，以凸显质感。

9.5 ▶▶ 亮丝毛衣裙摆短裤

Step 01 ▶ 起稿

用铅笔起稿。上衣是金属丝织短袖，又称亮丝上衣，与人造毛绒材质的绘制方法相似。起稿后添绘参差的短毛。高腰短裤宽松、飘逸。

Step 02 ▶ 勾线

亮丝上衣的绒毛呈放射，均匀中包含变化，以参差的短线为主。领口较低，呈"V"字形，上衣宽松，较有垂坠感。

Step 03 ▶ 上色

使用马克笔由浅至深上色，亮丝上衣的浅蓝色亮部，随意、错杂地成组放射着涂，之后加深，叠加至层次丰富。蓝色的短裤颜色统一，鞋和包是丝绒的质感，边缘色浅，

中间色深，趁湿晕染叠涂，效果更佳。金属部分注意拉开明暗对比，上色时可以压低明度，方便之后处理高光。

 修饰

最后，用白色高光笔来提点亮丝上衣，加强对比和质感。

9.6 皮草搭格衫百褶裙

Step 01 起稿

用铅笔绘制上下辅助线及中垂线，确定人物的位置和中心，用长线条绘制轮廓后逐渐细化铅笔稿，整体人体架构搭建完成后绘制服装。

模特所穿女士衬衫较为修身，袖子宽松。衬衫外搭貉子毛皮草披肩，貉子毛较长，蓬松且色杂，毛尖和底绒长短错落有致。绘制百褶裙时注意不用每个褶皱都从头勾到底，适当留白可使体积感更强。

Step 02 勾线

铅笔稿绘制完成后可使用棕色或黑色勾线笔勾画皮肤部分及细节，模特的波浪长发可以用棕色或黑色的秀丽笔来勾勒。在用秀丽笔勾画服饰时记得注意线条的流畅性、弹性以及疏密变化。绘制线条时要放松，皮毛的走向要成簇，放射着画，长短错落，自然美观，整体做到张弛有度。

Step 03 上色

　　线稿完成后先给肤发上色，在完成人体部分的上色后再给衣服上色。使用马克笔上色时，排线爽利、紧密、有序，用笔迅速、肯定。衬衫用浅淡的蓝紫色铺底，空出白色的花纹，百褶裙的上色方法与此相同，从浅到深逐步层叠，丰富画面，塑造出体积感与层次。套在衬衫外的粗花呢格纹背心也是先铺底色，后绘制花纹进行深入刻画。

　　皮草转折或凸起的部分会露出皮毛底板的颜色，为突出皮草厚重的体积感，在上色时可轻轻带过，留出纸色，表现皮毛的起伏变化，凸显质感和蓬松感。绘制貉子毛皮草时一定要注意层次，底绒与毛针在颜色和涂画方式上有所不同。底绒颜色较浅，可先层叠多次绘制，放射状地顺着毛的走向大面积涂颜色稍浅的绒毛。后用深棕色马克笔细头轻轻地绘制短线，有变化地成组排线，使之显得蓬松、自然。绘制时注意皮草蓬松、厚实的体积感的塑造，在转折处和外轮廓附近绘制的线条要紧密一些，颜色深一些。

　　黑色的丝袜连接鞋子，表面光滑且紧绷在腿上。膝盖下方及靠近边缘的部分颜色偏深，绘制时黑色和肉棕色的过渡要自然，可以先绘制肉色的底色，再用暖灰色和褐色以及黑色渐变上色，绘制出丝袜半透明的感觉。

Step 04 修饰

　　最后修饰时，可用彩色纤维笔刻画格纹的线条，用 0.05mm 的勾线笔勾勒衬衫上花朵图案的边缘。然后用白色高光笔提亮各部分的高光，修饰皮草的毛针，以及粗花呢背心上的图案等。

10

透明材质类面料时装画示范

　　透明材质类面料绘制算是时装画的难点之一，近几年新晋的时尚透明材料比如 TPU、PVC 等，受到很多设计师的喜爱。透明材质类面料，主要有雪纺、网纱、欧根纱、薄透针织面料，以及 TPU、PVC 等。雪纺类较通透，质地轻薄细腻，肌理有平滑的，也有成皱的。网纱种类较多，材质、织法都各有不同，其透明度、样式、软硬不同，呈现的效果也都各不相同。在装饰上，会采用不同的工艺，比如粘闪粉、植绒、绣花、印图案。欧根纱相对比较硬挺、通透，属于梭织。薄透的针织面料在织造时会留有网眼，所以不透明的丝线织造完成后隐约透出皮肤。织造面料一般比较垂顺柔软，有时还会织金银丝线或者一些花线以丰富样式。另外，为了使面料更为透明轻薄，在制作工艺上采用极细或透明丝线钩织的面料。PVC 和 TPU 等，既可以极为通透，又可以朦胧磨砂，颜色百变，甚至可以夹粘、打印亮片、图案等。

　　我们在绘制透明材质的面料时，要先为面料下面的物体上色，不论物体的颜色深浅，被面料覆盖的部分都会或多或少地削弱底色。除非是极为透明的材质，要直接绘制物体。绘制光滑无色的 PVC 或 TPU 则用灰色画褶皱、转折、叠加，直接加高光，在淡色中渲染一些环境色即可。绘制光滑有色的 PVC 或 TPU 则先叠涂颜色，用同色系稍深的颜色画褶皱、转折、叠加，之后加高光，再用其他淡色添加一些环境色。磨砂的 PVC、TPU 通透度更低，面料下面的物体轮廓不明确，颜色也更少显露，且高光柔和，可用白色彩铅覆盖马克笔的颜色进行叠涂，或用高光笔画后用手擦一下进行晕染。网纱面料若为大网眼，直接在画好的物体上顺着结构起伏绘制网格。若为小网眼，可按薄纱处理，底色可以画得稍微简单一些，大体积转折面有颜色差别，如果网纱颜色浅，那么底色也需得稍浅，网纱颜色深，则底色正常绘制即可。再绘制网纱部分，其颜色则可直接绘制。颜色越深的网纱靠近转折、褶皱、叠加处的颜色越深，越浅的则相应越浅。在绘制网纱时，可以不加高光，从轮廓向中间渐变过渡。雪纺的绘制与网纱相似，只是相比细网纱遮盖力更强，被覆盖物体的底色可以更弱，轮廓也更加模糊。薄透的针织面料褶皱柔软、垂顺，上色规律、一致，没有明显的高光。掌握这些规律和上色技巧，勤加练习，相信大家就能画出逼真的透明质感面料来。

10.1 ▶▶ PVC 灰黑风衣运动裤

 起稿

用铅笔绘制上下辅助线及中垂线，确定人物的位置和中心，用长线条绘制轮廓后逐渐细化铅笔稿，整体人体架构搭建完成后绘制服装。

PVC 风衣比较硬挺、宽松，褶皱较少，也不是收腰的修身廓形，用线要流畅顺滑、干净利落。上装部分的开衫、透明的欧根纱蝴蝶结等绘制起来相对困难，要看清楚再下笔。运动裤比较贴身，褶皱较少，相对容易绘制一些，注意大腿和小腿的前后穿插即可。

Step 02 勾线

铅笔稿完成后使用棕色或黑色勾线笔勾画皮肤部分及细节，用秀丽笔勾画服饰及头发，注意疏密、结构，做到线条流畅、有弹性并且顺滑。

PVC 风衣以及透明的欧根纱蝴蝶结等，由于其面料透明，勾线时务必注意其层叠穿插以及遮挡和被遮挡的关系。流苏要成组绘制，有节奏和疏密变化，细节刻画清晰，收放有度。

Step 03 上色

　　用马克笔上色。在绘制透明面料时，先为面料下面的物体上色。可选择比原色稍浅的颜色来铺底，画面中内搭为浅灰色系的服装，绘制时要注意服装在形态、体积、质感和颜色上的区别。针织坑条内搭上衣和运动裤可用米灰色马克笔来绘制，将深浅细条肌理和没有肌理的部分进行区分。开衫用米灰和浅冷灰马克笔叠加绘制，将开衫内的背心处理成浅冷灰色，将灰色调及质感区别开。欧根纱内搭趋于肉色，比其他灰色更暖，而且透明。

　　灰黑色 PVC 透明外套属于光面漆皮质感。其高光与反光明确，质感硬朗，层次丰富。由于它采用了较暗的灰黑色基调，而下衬的服装又很浅淡，所以透出内搭服装的底色不是特别明显。注意，当透明面料的颜色深于下衬部分的颜色时，绘制时不用将透露的底色减淡，原色铺底再绘制较深的透明面料即可。由于风衣的灰黑色是偏暖的，所以在绘制浅色部分时，可使用暗褐色的马克笔，然后用灰黑色以及黑色马克笔进行明暗变化的渐变绘制与渲染，靠近边缘、转折处往往颜色较深，遵循绘制的方法慢慢画出透明的效果即可。PVC 大衣的高光比较细长、严谨，在绘制时可以不用预留，最后用高光笔处理。鞋子的金属色注意强对比和高光，画出金属皮革的浅金色效果。在绘制珍珠配饰等细节时不用预留高光，珍珠也属于高光和反光都很强的，带有珠光的质感。在画珍珠时，可以加强中心的颜色，四周较浅，用不同冷暖的灰色加上环境色来绘制。不过由于整体颜色灰暗，所以对于珍珠上的环境色不用刻意融入，减淡周边颜色进行渲染即可。

114

修饰

　　画面有很多部分都需要用白色高光笔提点、强调，比如 PVC 大衣的光泽、欧根纱的光泽、针织服装的各种肌理、鞋子的金属高光和反光，以及珍珠的光泽等。在勾勒灰黑色 PVC 大衣上转折、鼓起处的亮光时要注意用笔的肯定、爽利。当绘制由明确到渐暗扩散的感觉时，可以用手趁笔迹未干时蹭一下，也可用和面料颜色一致的深浅不同的马克笔在上面渲染、融合，这种方法同样适合绘制带颜色的反光，用饱和度较低的马克笔渲染即可。环境色更适合用彩铅来渐渐笼罩，这样比较自然，也可以画出更细腻丰富的渐变效果。大衣上相对不明显的高光同样可以用白色的彩铅来绘制，暗色用彩铅绘制会显得更加自然。用笔力度由重至轻，就可以画出浅淡高光、反光的明暗过渡了。彩铅的叠加可以让颜色更显丰富充实，使比较单一、硬朗的灰黑色多一点变化，使画面看起来更具层次感、更加细腻。

黑欧根纱风衣裤荧光毛衣

Step 01 ▸ 起稿

　　用铅笔绘制上下辅助线及中垂线，确定人物的位置和中心，用长线条绘制轮廓后逐渐细化铅笔稿，整体人体架构搭建完成后绘制服装。

　　绘制服装时注意廓形结构，欧根纱轻薄稍硬的面料撑起接缝，形成衣服的骨架；风衣、裤装的褶皱、轮廓简单利落，透明度较高，能透出底层结构，绘制时要注意疏密安排；凉鞋在脚踝处有系带，呈多层纱质褶皱层叠散开的效果。在绘制褶皱的结构与疏密时要有错落变化，可以先画大的轮廓稿，再进一步丰富细节。

Step 02 ▸ 勾线

　　铅笔稿完成后，可以先用棕色或黑色勾线笔勾画人体部分和细节，然后用秀丽笔勾画服饰，勾勒的时候要考虑疏密变化、结构特征。透明的欧根纱风衣自然飘逸，面料硬挺且薄透轻巧，褶皱多出现在缝合处和转折处，且线条相对直爽、洒脱。绘制风衣时要注意透明的面料在缝合拼接的地方是可以看到折边的，所以接缝处都是双线。欧根纱的透明度较强，由于是灰黑色欧根纱，所以勾勒下层时不用刻意虚化线条轮廓。内搭的毛衣、鞋子款式简洁，根据铅笔稿有疏密节奏地简单勾画即可。

Step
03 上色

　　用马克笔上色。上色时先填涂人体，然后绘制服装。大多数情况下都是从浅色入手，逐步加深层次。绘制透明面料时，应先绘制下层底色。

　　在绘制上层透明欧根纱面料前，可以先铺好毛衣的颜色。选择明亮的黄绿色填涂毛衣未被遮挡部分，之后在被欧根纱风衣覆盖的部分用马克笔叠加较深的黄绿色，多层覆盖的位置则要注意再加深。绘制时要想加深一个颜色只要运用比该颜色明度低的颜色即可。所以为了使画面颜色更美观、更丰富，可选择用黄绿色更深一度的马克笔先为被遮盖的毛衣铺一个较深的底色。由于灰黑色的欧根纱面料颜色较深，比底色深很多，所以绘制底色时可稍稍加重。由于欧根纱颜色较深，皮肤的颜色简单地绘制即可，保持原有的对比度和饱和度铺底。绘制好底色后，再叠加欧根纱的灰黑色，由浅入深，一层一层地加深外层的欧根纱，体现面料的特性。

欧根纱的高光比较有特色，示范图中的欧根纱面料属于光泽度较高的，廓形硬挺，但上色后与雪纺质感相似。在绘制灰黑色的风衣和裤装的高光时，用白色高光笔爽利、自然地提点，做到错落变化、疏密有致，体现出面料的质感。单层欧根纱面料高光一般出现在转折和褶皱部位。遇到呈块面的高光时，不要平涂白色，可先勾出高光外轮廓，再绘制折线进行填充。这样更能体现欧根纱的质感。若两层欧根纱叠加，上下面料错开，会出现排列较整齐的横线或弧线，这就是我们如此绘制高光的原因。此外，一定要注意欧根纱的前后层次，最外层面料上的高光一定是最白、最明确的。不要把高光画得太过杂乱或过于僵硬，一定要注意节奏和变化，符合体积感的构造、结构的框架、转折应有的位置。鞋子的高光、毛衣的条纹纹理等也需要绘制高光。

Step 01 ▶ 起稿

用铅笔起稿。薄纱的连衣裙上面绣有花草图案，内搭紧身的背心、小裤。绣制的图样不透明，遮挡内搭的衣物，绣图之间的空隙便是透明的薄纱，可以清晰地看见内搭衣物。除此之外，不透明绣花是附着在透明纱裙之上的，绣花会随结构和布褶的起伏而变化，不要画得过于生硬，脱离画面。

模特的凉鞋由3条宽带包裹脚背，由于视觉落差，脚前部分透视较大，我们只能看到被压缩的较细的条带，而相对靠近脚踝处的带子，和我们的视线比较垂直，所以显得较宽。

Step 02 ▶ 勾线

铅笔绘制完成以后，可用棕色或黑色勾线笔勾画人体和细节，以及薄透且缀有细致绣花的连衣裙，并用秀丽笔勾画不透明的鞋子与头发。在关注疏密、结构的同时还要注意线条的流畅性和弹性。

在绘制连衣裙时注意前后遮挡，可以先勾勒绣花，之后勾画薄纱的轮廓，再连接空隙处的内搭线形。最后，待人体和服装都勾勒完毕，勾线痕迹完全干透后，轻轻擦去铅笔印，完成线稿的绘制。

Step 03 上色

　　线稿完成后通常先涂绘人体部分，然后绘制服装。使用马克笔按由浅至深的顺序上色。为了体现服装的透明面料，可以选择比面料基础色要浅一度的肤色进行铺底，之后为不透明的绣花上色，明确上层的图饰，最后为底层的打底服装上色。在此基础上进一步叠加、丰富各个部分的颜色，塑造体积感，以丰富细节。

　　注意绣花间的前后遮挡关系，面料叠加部分的绣花前后错落，可弱化位于后侧的图案，相对简单地处理花纹。画面整体呈自然、舒缓的浅蓝紫色，颜色比较柔和，对比不明显，连衣裙轻薄下垂，清新、秀丽。

Step 04 ▶ 修饰

　　先用稍深的蓝色、紫色、绿色等彩色纤维笔来深入刻画细节，修饰前端的绣花图案，使其更加精致、明确，增强前后对比，丰富层次。薄透的纱质可以用极浅的灰色或蓝紫色马克笔淡淡涂绘，沿边缘、褶皱上色，画出轻薄透明的纱质。在靠近边缘、转折处以及面料多层层叠的部位，绘制淡淡的蓝紫色，体现出薄纱淡淡的颜色，让画面看起来更加融合、统一。最后，用白色高光笔修饰、提点绣花图案，以及小部分的连衣裙高光等。

11

亮片、钉珠类时装画示范

　　重工质感的钉珠和亮片纷繁闪耀，除了用本身就很闪的闪粉或珠光来绘制，怎样用马克笔、彩色纤维笔来体现这一特点呢？

　　绘制钉珠，要表现它独立的体积感，这样才能和亮片、闪粉等较为平面的闪亮材料区分开。通常我们会先起稿，绘制独立的钉珠、钉饰，之后集体层层上色，由浅至深，最后统一点高光。不通透的钉珠如珍珠、金属珠、瓷珠、米珠等，高光肯定都是朝向光源处的，有的也会有统一位置的反光，可集体绘制。画的时候注意近大远小，以及单独和整体的形态。透明的比如爪钻、平底手缝钻、玻璃珠、水晶绣饰等，折光率高，高光、反光比较斑斓，注意绘制时有主有次，有最亮的，有最暗的，而且最亮的里面还分高光点的大小。注意不要绘制得太平均，体现不出立体感，使质感看起来不真实。

　　这种材质更多地用于礼服或作为小面积配饰出现，所以也需要画得更精致。不论是礼服还是小的点睛，质感都很重要。提醒大家，在绘制高光时，要特别注意人体和衣服的体积感、明暗关系，且高光有疏有密，有层次、丰富多彩有节奏的画面才更显美观。

11.1 ▸▸ 点线面网格分析

从示意图可以看出，这幅作品运用了点绘的方式绘制闪亮质感的面料，将金色和深银灰的闪粉、绣珠（包括米珠及管珠），以点、线、面的方式进行疏密对比，呈现出礼服裙的重工质感，展示了礼服疏密不同的层次。服装腰部由大小闪粉构成的波点及零碎闪粉组成，并配有银灰饰边。除饰边外，夹有绣着金色管珠的横条，粗细3层。裙摆上竖条绣珠和闪粉交错，颜色渐变到底部，管珠也逐渐化为闪粉的波点及零碎闪粉，和服装腰部相呼应。内衬为金色丝光材质，和裙摆的繁复形成对比，衬托裙摆及腿部装饰的闪耀精致。腿部是点、线结合的网格状纱套，紧随腿部形体，闪耀光芒。鞋子饰有钻珠，质地和裙衬的华美相映成辉。

绘制主要用马克笔的浅金色、稍深的金色，以及深、浅灰色的马克笔，深金色（土黄色）、深灰色的彩色纤维笔以及高光笔来绘制完成。用浅金色马克笔铺底，用深金色马克笔塑造体积感，用灰色、深金色马克笔绘制点、线的走向，之后叠着马克笔绘制的点用彩色纤维笔点绘，叠着线条用彩色纤维笔来绘制钉珠。彩色纤维笔要比马克笔颜色深，绘制出层次，之后用高光笔绘制高光，烘托体积感、质感和层次。

绘画时要注意画面疏密节奏的安排，疏密相称，点线交错，面上褶皱转折的线摆也都要有安排、有松紧，各有各的形态，这样的画面看起来才真实、有层次。

点　密
大、小

线条　密
粗、细

面　疏

网格　密
齐整

11.2 ▶▶ 花朵钉珠礼服裙

 起稿

用铅笔绘制上下辅助线及中垂线，确定人物的位置和中心，用长线条绘制轮廓后逐渐细化铅笔稿，整体人体架构搭建完成后绘制服装。在绘制时，注意抹胸要包裹住身体，体现胸形和起伏。绘制裙摆时注意上下衔接的位置，整体比例不要失调。腰间褶皱和穿插较多，怎样使蝴蝶结的结构更准确，以及如何使褶皱线条的疏密、长短更丰富、有变化、有层次，这些都是需要思考和注意的。

Step 02 ▶ 勾线

这张线稿尝试用秀丽笔勾画人体和服饰，面部的细节用勾线笔绘制。道理是一样的，在掌握了基础的绘制方法之后，大家也可以尝试更多的方式和可能。绘制时注意疏密、结构，做到线条流畅、有弹性、顺滑即可。

Step 03 上色

　　使用马克笔上色。线稿完成后先给人体上色，之后为礼服裙上色。由于礼服裙上的花朵钉珠细小而繁杂，和裙体颜色接近，所以在起稿和勾线时没有进行绘制，可用较浅的灰色先把花朵钉珠部分的图案点出来，确定一下图案的形态再层层推进。先用浅灰色马克笔点绘也比较容易修改，如果画错可用深一度的灰色覆盖修改。

　　将裙子上的缀饰点缀完毕后，根据裙子的褶皱和起伏，在暗部进一步加深，丰富其层次。进一步绘制、完善裙子的本色和红色的蝴蝶结飘带。沿着裙子的起伏结构，由浅至深填补暖灰底色。蝴蝶结用浅红色铺底，再用绛红色、酱红色、深红色等一步步塑造硬朗的质地与转折起伏。

　　填涂灰色时要注意灰色的层次，使之看起来除了质感和深浅等方面不同，冷暖上也要有所区分。整体的点缀可以用深灰色细笔把这些点尤其是暗部的缀饰画得深于其远看的效果，这样方便最后一步的高光调整，加强对比。

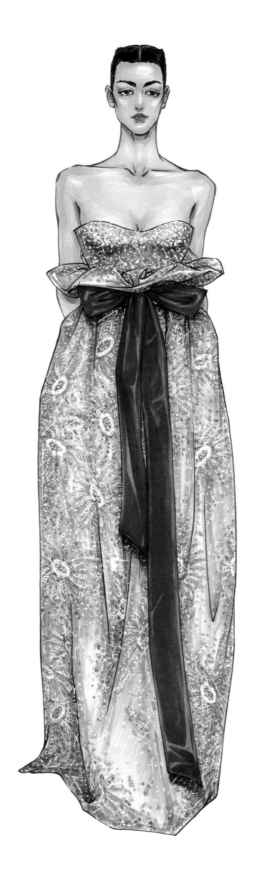

 修饰

　　最后用白色高光笔来点缀、提亮裙子缀饰的高光、起伏，画出闪亮的感觉。腰间所系的蝴蝶结也有光泽但不强烈，可以先在其转折处的亮部用白色高光笔勾勒，后用浅而艳的红色覆盖，淡淡提亮即可。

11.3 ▸▸ 幻彩大亮片短连衣裙

Step 01 ▸ 起稿

用铅笔绘制上下辅助线及中垂线，确定人物的位置和中心，用长线条绘制轮廓后逐渐细化铅笔稿，整体人体架构搭建完成后绘制服装。无袖的连衣裙大致呈筒状，腰部微微收紧，裙子款式简单，褶皱主要集中于腰、胯两个转折处。裙下摆有钻链组成的流苏，随走动摆起，自然灵动，形成整幅画面的细节。

Step 02 ▸ 勾线

铅笔稿绘制完成后可使用棕色或黑色勾线笔勾画皮肤部分及细节，模特的头发和服饰可以换黑色的秀丽笔来勾勒，绘制时要注意线条的流畅性、弹性且疏密有度。连衣裙底布外罩有一层亮片，在勾线时可以用比较碎、麻而流畅的线条来绘制，留有一些小断点，方便之后上色，表现亮片起伏、层叠的材质特征。鞋子是用透明 PVC 和珠光漆皮拼接而成的，在绘制鞋子的 PVC 部分时要明确表示出透明材料的特性，勾勒出透过鞋子显现的脚部。

Step 03 上色

　　使用马克笔上色。连衣裙子的大亮片多彩、透明，要叠加出幻彩的效果。在大面积绘制层叠亮片时很难一片一片地画，所以在为连衣裙上色时，选择多种浅淡的颜色通过轻竖线过渡到小、大顿点，再过渡回去，使竖条以成组的方式来绘制不同颜色的亮片，由浅入深，交错排布。大的颜色基调铺之后再顿点、勾勒深一度的层次来丰富画面，融合一些幻彩的颜色过渡到裙子上，让连衣裙的亮片看起来更有层次感、更加饱满。裙摆底下的缀饰流苏也使用点绘的方式完成即可。当绘制高跟鞋时，可先绘制好皮肤的底色，再叠加透明面料的颜色，如用浅灰色来绘制出形态及转折处，再绘制透明面料。

Step 04 ▶ 修饰

　　最后修饰时，先用彩色纤维笔根据幻彩的颜色来自由地、放松地勾勒一些圈组或半圈组，表现亮片的大致形态，丰富细节层次。由于水钻或金属材质的对比比较强烈，手包上的水钻可以用灰色彩色纤维笔点缀一些深色的点，再用高光修饰。

　　最后，将所有的高光和画面中需要完善的细节用高光笔勾画提点。亮片部分可以使用圈、点的方式勾勒，裙摆的钻饰流苏、手包的水钻和金属链条等用点绘的方式来表现。用干脆利落、疏密有致的点、圈、线绘制出高光，表现出丰富的质感和层次。

11.4 ▸▸ 鸵鸟毛闪亮及地纱裙

Step 01 ▸起稿

　　用铅笔起稿，绘制服装时注意不同材质呈现的不同效果，表现出鸵鸟毛的轻柔、蓬松和闪亮网纱的透视感、层叠感，以及走动间裙摆的飘逸感。

　　在起稿时要观察服装的廓形，纱裙腰部以上包括两袖都比较紧贴、合体，而腰饰之下便是及地散开，呈三角状。鸵鸟毛主要饰于肩领和袖口，较长的毛体蓬松、飘洒，可以先勾勒外轮廓，再细化毛丝。领口的蝴蝶结大而夸张，注意其"支"性的表现，褶皱主要位于裙摆上，呈流畅、顺滑且自然的长线，裙摆纱质透明，层叠间微透腿部线条，隐约、迷人。

Step 02 ▸勾线

　　铅笔稿完成后可以先用棕色或黑色勾线笔勾画人体部分和细节，然后用秀丽笔勾画服饰与发型，要注意线条的疏密、结构框架。在勾勒腿部时，不要用很肯定的线条完全勾勒，画出其处于半透明层叠的裙摆间微透露的线条感。鸵鸟毛呈放射状，勾勒时自然地画出毛丝的蓬松感觉。勾画蝴蝶结注意用线肯定、穿插合理。

　　该示范案例在勾线阶段就将纱质面料上的闪亮条饰勾勒出来了，在勾勒闪亮的碎点时要注意：一是闪钻、亮片、闪粉构成的图案一定要绘制出图案的大轮廓，边缘不要过于齐整；二是这些闪亮缀饰覆于底布之上，所以顺着底布的起伏、褶皱走势来画；三是勾勒时要注意控制疏密、粗细、圈点大小等，不要画得一模一样；四是在绘制闪钻、亮片、闪粉这些细碎的装饰时，不要画得比轮廓线重，这些部分勾线时尽量放松、自然地圈点勾画即可。

Step 03 上色

　　使用马克笔上色。上色时先填涂人体，然后绘制服装部分，从浅色入手，逐步加深。在绘制透明面料时，先绘制下层底色。在绘制透明纱质面料前，可先铺好皮肤底色，减弱面料所覆盖的皮肤的对比度和饱和度，选择比原色稍浅的颜色来铺底，减弱的程度取决于面料的透明度。绘制好底色后，再叠加纱裙的颜色，在纱裙边缘、转折处或层叠处，透明面料的固有色更明显。绘制时可融合冷暖不同的淡紫色，如偏粉紫或蓝紫色，使画面看起来丰富多彩。鸵鸟毛按照长皮毛的绘制方式放射状地层叠上色，蝴蝶结按照硬质绸缎的画法表现其柔和的质感与光泽，要区分出同为紫色系面料的不同质感。

　　逐步叠加层次，用淡金色马克笔绘制闪亮部分的金色，丰富细节层次。最后为配饰等细节上色，马克笔上色部分就结束了。

　　先用深、浅不同的蓝紫色、粉紫色、紫罗兰等颜色的彩色纤维笔来深入描绘皮毛部分的细节、质感，增加层次。最后，用白色高光笔来提亮蝴蝶结、毛丝、配饰、鞋面及裙子上闪亮缀饰等的高光，丰富质感及层次感，使画面更加细腻、精美。

12

丝绒、蕾丝类面料
时装画示范

　　丝绒和蕾丝独有的华贵质感和神秘感吸引着每个人。丝绒是割绒丝织物的统称，表面有绒毛，大都由专门割断后的经丝构成。由于绒毛平行整齐，故呈现丝绒所特有的光泽。和其类似的化纤制作的绒织品也有很多，只是光泽感大多不及真丝的华美大气。割绒和织造的方式不同导致有更多样式的绒织品，比如条绒、钻石纹、平绒、烂花绒等。在绘制丝绒时要注意和鹿皮绒质感区分，相对而言，丝绒的光泽更好，深浅对比更强。丝绒会有反光，这在用马克笔上色时就应注意到，并做到深浅色的良好衔接过渡，不要过于生硬，也不会像金属质感以及漆皮这些面料的反光那么严重，但也比普通棉布面料的反光强很多。

　　蕾丝是一种舶来品，属于网眼组织，最早是用钩针手工编织而成的，精细美丽，欧美女装尤其是晚礼服和婚纱上用得多。蕾丝通常使用锦纶、涤纶、棉、人造丝作为主要原料，有的还辅以氨纶或弹力丝，使其拥有弹性。经编的蕾丝通过针织经编工艺制作而成，通过绣花工艺制作的蕾丝称作绣花蕾丝，还有很多通过其他工艺加工的蕾丝，如复合蕾丝、烫金蕾丝、珠绣亮片蕾丝等。随着技术的进步，面料种类不断丰富，蕾丝的种类和样式也越来越多。其细腻繁复、似透非透、欲露还羞的特点，成为时装画绘制的一个难点。我们在绘制时，掌握大体的图案轮廓、位置、结构即可。深色的蕾丝直接覆盖底色，白色的蕾丝用高光笔绘制，比底衬颜色浅的蕾丝，可用高光笔叠画，再用马克笔扫一遍颜色，这样比较简单。如果是棉质镂空的蕾丝材质，镂空少而布多，也可以先画布的形态再刻画镂空的部分。

金属蕾丝 密
蕾丝图案顺结构起伏
透出皮肤

丝线晕染明确交
界线过渡要自然
真丝丝绒 疏

　　丝绒和蕾丝虽都是女性所喜爱的面料，但差别还是很大的。这两种材质的面料放在一起绘制是比较好的搭配，丝绒线条疏放，蕾丝多变繁密，两者融合，疏密有致。在绘制时要注意蕾丝图案的随形，包裹在人体上的部分要符合人体的起伏，近大远小，近疏远密，近处花大、网眼大，远处就被缩小了，注意透视适度。丝绒在转折、褶皱、边缘轮廓处浅，颜色也比暗部明快。浅色部分会和暗部相接、融合，从亮部到暗部的交界处会有一条过渡自然且比暗部颜色稍重的区域，可用马克笔叠加融合绘制，具体画法可以看示范。

本节还给大家对比地展示了两张比较简单的丝绒和蕾丝服装的效果图，供大家深入绘制前参考学习。

 起稿

用铅笔绘制上下辅助线及中垂线，确定人物的位置和中心，用长线条绘制轮廓后逐渐细化铅笔稿。镂空风衣比较繁复，在起稿时画出大轮廓即可；长靴面料硬挺，脚踝部位比较宽松，没有什么褶皱，绘画时要注意观察，掌握不同形态靴子的特点。

Step 02 ▸ 勾线

铅笔稿绘制完成后可用棕色或黑色勾线笔勾画皮肤及细节，头发可用黑色秀丽笔勾勒。秀丽笔还适合勾画服饰；绘制时记得注意线条的流畅性。勾线时要区分服装上下层以及透明面料对下层轮廓的影响，被遮挡但透出的部分在勾线时用笔可稍轻，使线条更加细浅，在上层轮廓或褶皱接近交界处渐渐提笔，使线条过渡到更细，直到消失。表现上下层的层次及遮挡关系，以及透明面料的质感、特性。绘制镂空面料时注意表现其厚度，可在勾勒转折边缘时进行刻画，不用在领、袖口及底摆部位的转折、交界处绘制较大的断口来表现厚度。

Step 03 上色

　　线稿完成后通常先给皮肤上色，完成后为衣服上色。使用马克笔上色时注意排线的爽利、紧密有序，上色要迅速，从边缘向中间绘制出同色系间明暗的柔和过渡。在绘制镂空的面料时可先判断一下面料的颜色和底色的关系，如果底色较浅，镂空面料颜色深，且两色叠加没有色相上的改变，则可先铺底色，后叠画镂空面料的不透明部分。反之，则需先勾勒出镂空面料不透明部分的形态，之后分别填充底色和面料的颜色。根据镂空面料图案的繁简，可用较细的彩色纤维笔或马克笔细头勾勒填充。在范例中，镂空套装图案相对简单，颜色为较暖的绿色，与肉色叠加不会产生明显的色相变化。所以，在绘制时可先将镂空部分铺上较浅的肉色，后用浅粉绿色来勾勒镂空面料的图案，之后再一步步深入刻画。靴子面料硬挺，类似府绸，有淡淡的光泽，在上色时注意通过受光和反光来表现长靴的质感，加强明暗交界线的刻画。

Step 04 ▶ 修饰

最后，提亮细节，明确质感，丰富层次，修补画面。用白色高光笔勾画提点镂空套装的细节轮廓和靴子的部分高光等，线条、圈点尽量精劲顺畅、爽利自然。此外，还可以用白色的彩铅丰富靴子的反光，融合高光和宝蓝色靴子颜色的衔接过渡，使之显得更加真实、丰富。

12.3 ▶▶ 淡粉蕾丝皮草连衣裙

 起稿

用铅笔起稿。抹胸部分包裹身体，外罩缀花的欧根纱遮挡上部躯干；蓬松的皮草成簇，裙摆内套筒状裙遮住靴口；靴子比较合体，脚踝处有褶皱；头纱上饰有花朵，以打开的网纱遮住脸颊作为装饰，网眼较大，可以清晰地看到面部；裙子的材质以蕾丝为主，所以会有镂空，隐约透出皮肤。与此同时，我们也要画出腿部形态的草稿，方便之后深入刻画。

Step 02 **勾线**

线稿的绘制选择了和以往不太相同的方式。在铅笔稿完成后，使用棕色勾线笔勾画人体，使用秀丽笔勾画头发，采用和服装颜色相近的米色勾画服饰，再用灰色的彩色纤维笔勾画网纱。在绘制线稿时记得注意疏密、结构，线条保持流畅、肯定、收放有度。

Step 03 **上色**

　　线稿完成后，先绘制无服装遮挡的皮肤，以及透明面料覆盖下的人体，之后绘制衣服的颜色。由于范例中绘制的蕾丝颜色较浅且较为繁杂，需要最后用高光笔来提亮，所以在填涂底色时可以选择物体原色，也方便和较浅的连衣裙形成衬托，凸显蕾丝的质感。

　　使用马克笔上色。画面整体呈统一的淡粉色，绘制蕾丝时可先用浅粉色铺底，由于裙子的面料相对碎杂无序，所以笔触可以杂乱一些。最后用马克笔错杂着点画大小点，用深土粉色绘制，表现明暗丰富层次。裙摆的皮草部分分簇绘制，顺着毛的方向排线，塑造深浅，加深暗部和投影，画出体积感和前后关系，表现出皮草的感觉。欧根纱罩纱上缀有花饰，可以先用较深的肉粉色画出投影的形态备用，方便之后的提点修饰。

 修饰

　　这幅画的蕾丝面料主要靠白色高光笔来提亮表现，蕾丝上面的花纹一经提亮马上显得细腻繁杂。皮毛的光泽与走向、头饰、欧根纱的边缘及其上面的缀花等，都可以用高光笔进行提点和修饰。面部罩纱的纱网可以用灰色的彩色纤维笔顺网纱的起伏勾画，注意菱格网眼的近大远小、近疏远密，以及转折、层叠等关系，在层叠丰富的地方要加密、加深刻画，就能更好地凸显网纱面料的材质特性。

　　最后要提醒大家，用高光笔最后提点蕾丝部分的绘制方法适合描绘极浅色的蕾丝，方法简单，比先画浅色再缀饰底部深色部分容易操作得多。

13

丝绸、雪纺类面料时装画示范

之前在介绍透明面料时讲解过雪纺面料的画法，这种材质在女装里极为常用。雪纺是丝产品中的纱（不是纺）类产品，名称来自英语的音译，意为轻薄透明的，具有轻薄、透明、柔软、飘逸等特点。近年来，由于化纤技术飞速发展，很多真丝雪纺面料都被化纤织品所替代，在手感、风格上都可以做到非常接近或类似。

丝绸的定义是用蚕丝或合成纤维、人造纤维、短丝等纯织或交织而成的织品的总称。真丝丝绸就是用蚕丝织造的纺织品，通常以桑蚕丝为主，也有柞蚕丝、蓖麻蚕丝、木薯蚕丝等。不过随着纺织品原料的扩展，凡是经线采用了人造或天然长丝纤维织造的纺织品都可以称为广义的丝绸。丝织品看上去光艳富丽、高雅华贵，具有很好的光泽感，触感丝滑柔顺，穿着冬暖夏凉、吸湿透气。现在和大家普及一下4大名绣和3大名锦的基础知识，4大名绣分别为苏绣、蜀绣（川绣）、湘绣和粤绣，3大名锦分别为云锦、蜀锦和宋锦。根据织物组织、经纬线组合、加工工艺和绸面的表现形式，丝绸品种被划分14大类、35小类。

真丝、雪纺类面料的样式丰富，本章主要示范常见的真丝、雪纺面料的绘制技法，讲解如何表现最典型的丝绸、雪纺质感。

流畅
洒脱

疏

密

中

均匀
整齐

疏密节奏在画面中是非常重要的，上图范画比较典型，疏密节奏、线条的曲直、衣服样式的松紧、形态的规整及面料通透度、颜色的深浅都做了很好的区分。模特白色的雪纺衬衣隐约透露出内搭的黑色胸衣，并与黑色裤子、凉鞋呼应。上衣宽松潇洒，紧腿裤有形，形成对比。单看上衣，褶皱间有松有紧，线条长短疏密错落，形态不一。躯干部位、袖筒部位线条流畅舒展，袖口呈放射状，有紧凑的抽褶，也有放松的摆动。在绘画时一定要注意画面的节奏安排，这是画面的整体效果与构成，十分重要。

　　除了雪纺配皮裤的示例，本页还展示了两张丝绸缎面的效果图。就丝绸本身而言，是比较薄滑、垂顺、柔软的，越是薄软越容易出褶皱，这是规律。光滑的丝绸的画法类似于金属质感的画法，比金属质感相对柔和一些。光滑的绸缎或类似丝绸的色丁缎等明暗对比较强，高光明确，处于转折部分，反光较强，会受一定的环境色影响，其质感显华贵。当然，还有很多丝织品可能看起来如同普通的棉布，但是手感更软滑，按普通面料的画法绘制即可。

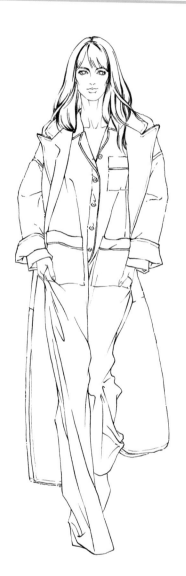

 起稿

用铅笔起稿。模特所穿服装的裤腿较长，垂到地面，遮盖住脚部，裤腿呈宽松状。切忌把裤口画小，体现脚部。模特服装较宽松，丝绸材质的连体衣裤柔软垂坠，呢子大衣硬挺洒脱并饰有缎面内里。较为薄软的丝绸连体裤纵褶纤长流畅，形态疏密多变，与较为挺括的大衣（褶皱较少）形成鲜明的对比。

Step 02 ▸ 勾线

铅笔稿完成后使用棕色或黑色勾线笔勾画皮肤部分及细节，用秀丽笔勾画服饰及头发，注意疏密和结构。模特的服饰结构相对简单，细节不多，所以可细化扣饰和服装的边缘，使线稿看起来更加丰富、细腻。大衣宽大的驳领敞阔，弯折处连到胯部，袖口挽起，透出内里。大衣的毛呢质感可以通过绘制断续、起毛的线条来表示，一是表现毛呢的不同质感，二是可以很简单地通过线条来明确外层和内里的区别。

Step 03 上色

　　线稿完成后通常先给皮肤上色，完成后再给衣服上色，一般由浅至深。使用马克笔上色，丝绸的连体衣裤可用明黄色搭配淡黄色、深黄色沿衣服起伏铺底、叠加、塑造。用偏灰的土黄色和暖棕色表现大衣外层的毛呢和内里的缎面，丝绸的黄色通过明度、深浅、色相及灰度等方面充分区分出层次和变化。绘制时注意面料的材质，通过对比的强弱区分衣服质料的光泽等。大衣的绸缎面料，虽不及丝绸连体裤的面料华贵、亮泽，但也滑顺且有一定光泽。在绘制时不必留白作为高光，可用较深的暖棕色强调转折和暗部等。平滑的部分由深到浅渐变，转折部位对比明确，画出细腻的光泽感。内里的绸缎呈现鲜艳的黄色丝绸的环境色，可在暖棕色上叠加少量黄色，形成呼应。

Step 04 ▶ 修饰

　　丝绸的连体裤会受到大衣颜色的影响，且在给细腻光滑的绸缎上色时也要加强对比，所以在最后的调整阶段可以将绸缎部分的明暗交界处加重，凸显其对比，强调面料华贵的光泽。最后，用白色高光笔在连体裤上顺着起伏和褶皱的走向流畅地画出高光的形态，加强对比，完成绘制。

 起稿

用铅笔起稿。穿着松糕鞋时，脚掌前后落差不大，看到的脚面不多，绘制时松糕鞋底不要算在人体比例之中，而要单加出长度。

起稿时注意观察服装的结构与廓形，模特穿着吊带连衣裙，包裹在胸部的服装线条要符合胸部突起的结构。衬衫打开，飘向两侧和身后，一边被抬起的手臂和袖子遮挡，另一边遮挡袖子的前片随走动可以看到内里和一小截手臂，绘制时要注意二者的穿插关系。衬衫的肩线下落，顶起肩部结构的骨点位于肩线往上的位置，要画出衬衫宽松的感觉。

Step 02 ▶ 勾线

铅笔稿绘制完成后可使用棕色或黑色勾线笔勾画皮肤部分及细节，模特的长发可以换黑色或棕色的秀丽笔来勾勒。秀丽笔还适合勾画服饰，绘制时要注意线条的流畅性。气孔等细节的排布，以及裙摆雪纺纱质的半透明感觉，在这一步都要有所体现。裙摆褶皱要有疏密、遮挡和变化，勾线时要注意雪纺类半透明面料的褶皱和重叠部分上层对下层轮廓、结构的影响。被遮挡但依稀透出的部分可以用笔轻轻勾画，使线条更加细浅，在接近上层轮廓或褶皱的交界处时渐渐提笔，使线条过渡到更细，直到消失，表明上下层的错叠以及遮挡关系，从线稿就体现出透明质料透底的特性。

Step 03 上色

线稿完成后给皮肤上色，完成后为衣服上色，通常上色的顺序是由浅至深。使用马克笔上色时排线要爽利、紧密有序，且上色迅速。半透明的雪纺偏米白色，在填涂透出的肤色时可以稍稍减弱底色的对比度和饱和度，选择比原色稍浅的肉色来铺底。在此基础上再叠加米白色，层层加深，丰富层次，可以适当地融合浅灰色调节冷暖。

整体而言，画面颜色比较柔和统一，质料也相对柔软、垂顺、飘逸，对比不是特别强烈。绘制时要注意浅色中细腻的层次变化。在绘制黑色的皮鞋时加强对比，用深灰色和黑色来描绘就好，也可添加一些环境色，丰富画面。被雪纺裙摆遮住的鞋子边缘轮廓不再那么清晰、明显，可以用浅灰色和中灰色填涂，并趁湿使之与裙摆的米白色有一定的融合，削弱对比，柔化雪纺裙摆之下皮鞋的突兀感，画出半透明雪纺的质感。

Step 04 ▶ 修饰

  整体上色完毕后，将裙子、衬衫及皮鞋等画面中需要完善的细节和高光部分用白色高光笔勾画、提亮。在绘制皮鞋时可以用浅蓝色马克笔融合一些环境色，和米白色服装形成对比，使画面更为丰富。衬衫的钻纹丝绒面料在铺好底色后可以用高光笔按照流畅的褶皱走势，用绘制小圈的方式放松地勾画高光，呈现出不同的面料质感。

13.4 ▶▶ 配皮草棕色纱绸连衣裙

Step 01 ▶ 起稿

用铅笔绘制上下辅助线及中垂线，确定人物的位置和中心，用长线条绘制轮廓后逐渐细化铅笔稿。模特连衣裙的穿插拼接比较复杂，褶皱长短、疏密不一，线条飘逸、洒脱。连衣裙上部相对裹身，腰部以下较为放开，整体由柔软的薄纱和丝绸面料交杂拼接、层叠错落而成。单肩披羊皮毛一体的披肩，羊毛短小柔软，有一定厚度。注意领口要呈现出包住脖颈的弧线，纱质部分要透出下面的结构，画出层次。

Step 02 ▶ 勾线

勾线时可用棕色或黑色勾线笔沿铅笔稿仔细地绘制皮肤部分及细节，用黑色或棕色秀丽笔勾画服饰及头发。用线肯定、流畅，使勾出的线条有弹性且顺滑。披肩皮毛一体的质感通过点连的方式有节奏地勾画，点有组、有单，不规律但均衡，和线条自然穿插组合。连衣裙面料轻薄飘逸，纱质的部分在腰间和裙摆处均有较多褶皱的设计，绘制时注意寻找变化。不同的面料、不同的部位、不同的动态，甚至同一地方的不同褶皱都是有变化的，这样绘制出的服装看起来才会显得自然、真实。

Step 03 ▶ 上色

　　线稿完成后可先给人体上色，之后填涂衣服。使用马克笔上色时注意排线要紧密有序，用笔迅速，一气呵成。整套服装以较暖的棕褐色为主，要注意区分同色系不同质感的丝绸和薄纱面料的颜色变化。绸缎面料光泽度较高，所以明暗差距较大，可试着先用深色勾勒出大的转折明暗，再用由浅入深的方式上色。记得画出薄纱层叠加重、透出底色的特点。

　　披肩部分用点画的方式由中间较深的棕色向四周过渡，画出皮毛一体的、小而短的球球的绒毛质感。披肩整体比连衣裙颜色偏橙，包带亦如此。在用明黄色铺完底之后，用稍深一些的马克笔细头轻轻地勾出鳄鱼纹凉拖的纹路。

Step 04 ▶ 修饰

　　用白色高光笔来勾画、提亮各部分的高光、连衣裙的丝绸部分，以及绒毛和凉拖的质感等，尤其是丝绸裙的光泽要流畅地勾画出来，明确对比。纱裙和绒毛可以用金黄色和棕色的彩铅来丰富、修饰，画出纱质层叠的质感、丝绸的反光，以及皮毛的蓬松和绒毛感，使画面更加富于变化。

14

针织、毛呢类面料时装画示范

一般的面料分为梭织和针织两类。梭织面料也称机织物，就是经纱和纬纱相互垂直交织在一起形成的织物，其基本组织有平纹、斜纹、缎纹 3 种。不同的梭织面料也是由这 3 种基本组织及由其变化而来的组织构成的。针织面料是利用织针将纱线弯曲成圈并相互串套形成的织物，纱线在织物中的形态与梭织面料不同，分为纬编和经编，单位长度内储纱量较多，因此大多有很好的弹性。

本章示范的针织面料的画法以毛线针织的画法为主，会讲解针织罗纹的绘制方法，并示范毛呢面料如马海长毛呢、粗花呢、剪毛呢的画法。

针织毛衣比较常见，在绘制时一般是勾勒完线稿，上较浅的底色，如果有织花，则用颜色稍深的马克笔按纹路勾勒一下轮廓，之后用较深的颜色填充凹陷部分。再将突出部分按起伏转折上色，使之看起来更立体，最后可用高光笔和彩铅绘制符合起伏的竖线来表现质感、丰富层次。

粗花呢是很多正装和大牌常用的面料，这类厚重的呢子面料要注意其转折、褶皱和边缘的轮廓，也要相对钝圆、厚重。在上色时先用所有浅色交织铺底，之后用深色叠加错杂的编织十字纹，画出交织的粗花呢质感。

马海毛或一些有起毛质感的呢子面料可参考毛绒质感面料的绘制以及范画。通常都是先铺底色，再用同色或更深的颜色顺着毛的走向叠加。肌理要根据不同的材质进行不同的处理，柔和的毛绒感的材质，如马海毛等，不论是织成毛衣还是制作成大衣，都用同色或稍深的颜色叠加短毛质感。较为爽利的线织成的毛衣或梭织毛呢面料，肌理主要是一个走向的纹路或者编织感纹路，不用叠加绘制短线表现起毛的质感。

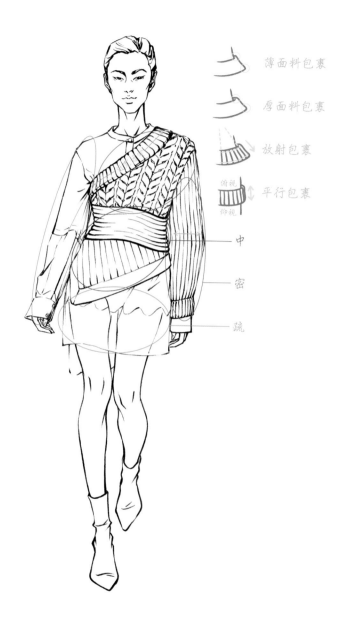

薄面料包裹

厚面料包裹

放射包裹

俯视

平行包裹

仰视

中

密

疏

　　本章重点讲解与针织有关的罗纹。通常我们所指的罗纹组织是由机织而成的，其弹性取决于罗纹的结构、机器的针法、纱线的弹性、摩擦性能，以及针织物的密度，一般都富有弹力。

　　一般较细密的罗纹饰边常作为T恤的领口等使用，稍粗一些的用于卫衣裤的领口、袖口、底圈、裤口等，硬质、有形一点的用于POLO衫的领口，更粗、厚一些的用在羽绒服、夹克上等。手织的松紧边在毛衣等针织服装上较为常见，越粗的毛线织出的松紧边也会越粗。在绘制松紧边、罗纹口时，要注意罗纹口的厚度、罗纹边的包裹形态以及罗纹的疏密。上图线稿标注了绘制罗纹口的技巧，不论罗纹粗细薄厚，要注意它的包裹角度是否呈放射状，罗纹条的疏密遵循近大远小的规律，包括其厚度和形态等。

14.2 ▸▸ 蓝色坑条毛衣长开衫

Step 01 ▸ 起稿

用铅笔绘制上下辅助线及中垂线，确定人物的位置和中心，用长线条绘制轮廓后逐渐细化铅笔稿。蓝色坑条针织毛衣长度过膝，比较宽松，坑条的肌理可以在上色时再处理，这一步先勾勒出大的衣服轮廓。长毛衣开衫有厚度，和内搭的较薄的连衣裙形成对比。内搭的连衣裙领子立起，拉链打开至胸口。领下一侧搭片外展，搭在外面的毛衣上，形成遮挡，纵向的褶皱和线条形成穿插和有疏密的排列。靴子的形态较为宽松，褶皱堆积于脚踝，靴筒较硬挺、有形。

Step 02 ▸ 勾线

铅笔稿绘制完成后开始勾线，可用棕色或黑色的勾线笔绘制人体和细节，然后用秀丽笔勾画服饰与头发，勾线时我们要注意线条的疏密、结构。轮廓线要尽量连贯、流畅、有弹性，画出衣服的层次感与穿插。坑条质感可在后面上色阶段再进行体现。

Step
03 ▶ 上色

　　线稿完成后，使用马克笔上色。先给人体上色，再为衣服上色。模特内搭的连衣裙面料平滑，针织的肌理通过后期的深色叠加描绘出来，从较浅的淡蓝色层层递进至宝蓝色甚至更深。在使用马克笔上色时，遵从由浅至深的原则，画出层次感及质感。要区分出内外两件衣服的颜色和质感，外穿的长毛衣颜色更深，也富有竖条状的坑条肌理，上色时层叠次数会更多。靴子是对比不太强的绸缎面，光泽度不高，注意反光的绘制。

Step 04 修饰

　　内搭的连衣裙有光泽，但不强烈，可以用白色高光笔来勾勒、点缀，然后再用蓝色马克笔进行柔和处理。用彩铅丰富毛衣和靴子的层次，用白色的彩铅淡淡地提亮，使面料的质感更细腻、真实，画面更具层次感。最后，其他部分的高光及细节也可以用高光笔来提亮与明确、点缀和修补，完成最终的效果图。

14.3 ▶▶ 橙黑系粗花呢套装

 起稿

用铅笔绘制上下辅助线及中垂线，确定人物的位置和中心，用长线条绘制轮廓后逐渐细化铅笔稿。套装的廓形较严谨，线条硬朗、有形。帽子和套装的材质一样，外罩一层薄纱，略显神秘和妩媚，在视觉上削弱了套装线条的硬朗感。光面裤袜包裹在腿上，没有褶皱。内搭衣服的领口收紧处饰有亮片装饰。整体服装褶皱较少，注意整体结构和疏密的控制、安排。

Step 02 勾线

勾线时可以使用棕色或黑色勾线笔沿铅笔稿仔细地绘制皮肤部分及细节，用秀丽笔勾画服饰及头发，线条做到流畅、顺滑。套装及帽子的粗花呢质感通过点绘的方式有节奏地勾画，点有组、有单，不规律但均衡，和线条自然地串合，画出细碎、毛糙的感觉。衣服和帽饰的结构比较简单，系带皮质高跟鞋的结构比较烦琐。亮片小包也是以点为主进行勾画的，注意小包的亮片材质和粗花呢细碎轮廓的区分。

Step 03 上色

　　使用马克笔上色，遵循由浅至深的原则。粗花呢部分可先用深浅的橙粉色马克笔画出交叉错落的底色，然后叠加深、浅棕褐色，再点缀一些杂点使其效果更丰富。很多粗花呢面料会由多种织带绳线穿插交错织造，质感丰富、扎实又很多彩而繁杂，上色时留一些空白体现出杂色粗花呢的质感。高跟系带皮鞋亮面要留出高光，细致地刻画细节，用点画的方式有层次地绘制亮片小包。用浅灰色马克笔叠加渐变着涂绘制头纱部分，面料转折处及多层叠加部分绘制时可加重，画出透明质感。连裤袜画出腿部的体积和线条感觉即可。

Step
04 修饰

　　粗花呢的套装与帽饰、亮片材质、皮鞋的高光及细节、金属配饰等，用白色高光笔进行修饰。粗花呢和细节部分的高光尽量用点画的方式处理，表现其质感。丝袜、头部的罩纱等高光不太明显，可以用白色和黑色的彩铅来丰富、渲染，使其更显细腻、自然。在使用彩铅时，用笔力度要沿边缘或高光处由重至轻渐变涂绘，画出柔和的光泽里的明暗过渡。彩铅的叠加也可以让颜色更显丰富、充实，使比较单一的灰黑色多一点变化和细腻的质感。

14.4 ▶▶ 黑白毛碎大衣

Step 01 起稿

毛碎面料大衣比较厚重，相对柔软，廓形较大，褶皱较少，注意绘制时保证透视结构的准确，门襟对边的总长，两侧是趋于一致的。大衣的质感在铅笔稿阶段可以先勾勒轮廓再添加细碎的边缘质感，然后绘制大衣上的兜饰。内搭薄纱上衣，隐约透露身体轮廓，袖口露出衬衫开阔的袖口，短裙简约合体，整体画面结构简单、清晰。

Step 02 勾线

毛碎大衣由黑白两色构成，白色毛纱的面料饰黑色宽边，宽边主要是横向交织的毛碎纹理，在绘制时注意毛碎走向的统一和长短的错落，画出层次和面料的黑白区域及织法。勾勒毛纱以向下的小短线为主，呈短放射状，长短参差中包含变化。内搭薄纱上衣的褶皱比较细密均匀，运用褶皱的设计手法，向一侧倾斜。而短裙、衬衫袖口都简单利落，线条疏朗、硬挺。

Step 03 上色

使用马克笔上色。米白色的大衣呈放射状地用线，线条可以稍长，层叠出深浅层次，画出较长毛碎的面料质感。用笔轻松体现出毛料的蓬松感。黑色的饰边可横向用笔，使用深、浅灰色和黑色马克笔叠加画出丰富的肌理和体积转折。在绘制碎毛质感的面料时，偶

有留白可较洒脱地表现出面料的层次和质感。

在绘制好的皮肤底色上用深、浅灰和黑色马克笔画出内搭的薄纱上衣褶皱层叠的效果，并表现出透明面料的质感。黑色的短裙可简单地平涂塑造。鞋子用深、浅米白色塑造出大致的体积感即可。

Step 04 ▶ 修饰

　　在修饰阶段，可用白色高光笔来提亮各部分的高光及细节，点睛画面，凸显质感。再修饰黑色饰边的横向织理及毛碎、鞋子和袖口的高光。这样，最终的效果图就绘制完成了。

Chapter 15

牛仔类面料时装画示范

牛仔也是休闲装常用的一种材质，我们也称之为丹宁。牛仔是一种较粗厚的色织经面斜纹棉布，经纱颜色深，一般为靛蓝色，纬纱颜色浅，一般为浅灰色或煮练后的本白纱。牛仔布的种类也很多，比如竹节、环锭纱、纬向弹力、套色及特种色等。

牛仔面料很结实，现在的牛仔制品很多都是经过水洗工艺处理的。一般的水洗工艺有普洗（即普通洗涤）、石洗（石磨）、酵素洗、砂洗、化学洗、漂洗、破坏洗、雪花洗、猫须水洗、喷沙（打沙）、喷马骝、碧纹洗等。这些经水洗做旧甚至破洞处理后的牛仔衣裤很受年轻人的欢迎，也为简单的靛蓝牛仔增加了色彩。

在绘制牛仔面料时通常会上一个底色，之后按普通面料的上色步骤逐步塑造。如果有水洗或破洞、须边，需要提前留出白色或浅色部分，方便自然过渡。还可借助彩铅和白色高光笔来丰富质感。比如，用白色彩铅绘制肌理斜纹，或者用颜色较深的彩铅在缝合处、压线处等边缘过渡着渲染靛蓝本色等。总之，我们可先用马克笔绘制渐变过渡以及转折的效果，再用彩铅丰富肌理、增加层次，最后用高光笔描绘须边和破洞处的棉线，绘制出牛仔真实的质感。

15.1 ▶▶ 大毛领牛仔休闲服

Step 01 起稿

用铅笔起稿。牛仔外套宽松、肥大，属于男女通用的廓形结构，面料较为硬挺。滩羊毛领蓬松、厚实而卷曲，要成组、成簇地绘制，注意疏密变化。牛仔外套上有很多缝合拼接的结构线和宽窄统一的明线，这些线条在勾画时务必符合衣服的起伏转折。

漆皮短裙内夹棉层，外饰菱格缝线，漆皮面料硬挺，不易起褶，每个菱格微微鼓起，呈现绗缝的效果。虎纹皮挎包及棒球帽均质地挺实，拼接而成，挎包上饰有和毛领材质一样的滩羊毛，绘制方式一致。模特内搭的堆领衫和衬衫层叠穿插，绘制时注意前后关系和脖领褶皱的线条安排。

Step 02 勾线

铅笔稿绘制完成后开始勾线，可用棕色或黑色勾线笔绘制人体和细节，用秀丽笔勾画服饰与头发。毛领和挎包上卷曲的滩羊毛，走向由内至外，轻松自然。上衣的口袋平坦贴合，面料叠加具有一定厚度。手拎的皮草爱心缀饰要画出蓬松的毛绒感，用放射状的短线由内至外散开，注意线条的疏密排布。内搭堆领高领衫的领子包裹在脖颈上，褶皱长短参差，有一定宽松度，不要过紧。

衬衫套在高领衫外，压在漆皮短裙之上。挎包肩带压在毛领下，包体搭在牛仔外套上，使半侧仔服的腰部有所收紧。所有服饰的前后、穿插关系都要搞清楚，绘制时也要有所表现。

Step
03 上色

　　线稿完成后，使用马克笔为人体、服装上色。上色时遵循由浅至深的原则，牛仔外套从浅蓝色涂起，逐渐叠加塑造。滩羊毛领可用浅灰色马克笔铺底，可有留白，之后用稍深一度的灰色丰富一下层次，表现出滩羊毛厚而蓬松的质感。毛领拼接的棕色貂皮也需要由浅入深上色，尽量深浅融合着涂，转折处稍露出皮板的浅色，颜色稍浅。

　　虎纹皮帽和挎包先用淡黄色马克笔铺底，再用浅棕色马克笔塑造，然后用较深的棕色马克笔细头勾勒出虎纹的纹样。注意，纹饰必须符合底皮的形态与转折，拼接处要塑造出拼接的感觉。画出虎纹后可轻轻用笔顺皮毛的走向丰富虎纹的肌理，使其边缘更加融合，体现皮毛的真实感。

　　帽檐、高领衫和漆皮短裙都是黑色的，但质感不同，绘制时要注意区分。漆皮短裙的光泽明显更强，除了高光还有反光，绘制时应将漆皮短裙的环境色融入进去。豹纹高跟鞋先用淡黄色马克笔铺底，后用土黄色马克笔塑造体积感，再用淡棕色马克笔绘制豹纹图案，最后用深棕色马克笔细头不规则地圈画勾边，画出豹纹的效果。手拎的皮草缀饰用红色马克笔铺底，再用深红色马克笔点画出毛茸茸的感觉，用鲜亮的红色马克笔点睛画面。

 修饰

　　用深棕色的彩色纤维笔绘制极短的点线修饰虎纹及毛领拼接的棕色貂皮，后用浅蓝色的彩铅修饰牛仔外套，凸显牛仔面料的质感和肌理，画出其有些粗糙的水洗渐变效果。然后用白色的彩铅丰富一下鞋面淡淡的高光，以及红色皮草爱心毛茸茸肌理。最后，用白色高光笔勾画、提亮滩羊毛的卷毛、漆皮的高光，以及虎纹皮、棕色貂皮、红色皮草缀饰的光泽。

15.2 ▶▶ 饰银针织衫配破洞牛仔裤

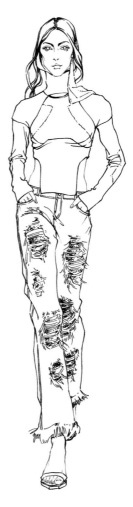

 起稿

用铅笔起稿。模特穿着拼接针织高领衫，比较修身，腰部两侧和脖领衔接处镂空。针织衫的袖子比较长，遮挡手部，体现出手腕和手部衔接的结构骨感。衣服的褶皱主要位于有起伏、转折的胸部和手肘弯折内侧。绘制这类紧身衣物时注意人体的曲线和结构，褶皱要恰当有致、疏密有序。

低腰牛仔裤裆部比较靠下，走动间大腿根部出现横褶。牛仔裤属于直筒形，相对宽松，脚踝处有须边，腿部有破洞。须边长短、疏密不一，起稿阶段类似于皮毛的画法——长短错落、疏密成簇。破洞有须边和横丝，大小不一，形状各异，疏密错落。高跟凉鞋的系带位于脚踝之上。一侧耳饰较大，属于金属片网材质，褶皱看起来较大、较硬，搭在肩头。

Step 02 ▶ 勾线

铅笔稿绘制完成后可使用棕色或黑色勾线笔勾画皮肤部分及细节，模特的头发和服饰可以用秀丽笔来勾勒。勾画线稿时要注意线条的流畅性、弹性及疏密。拼接针织衫拼接处的厚度要有所体现。牛仔裤须边的走向要自然、放松、成簇地放射着画，长短、疏密错落有致。破洞内衬的亮片面料可以在勾线时点一些点简单地表现一下质感。

168

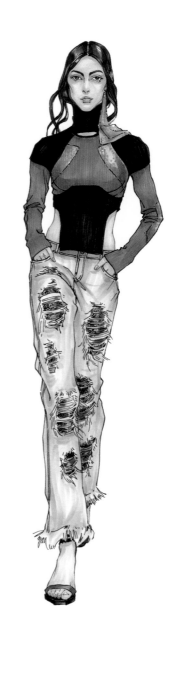

 上色

　　使用马克笔上色。在绘制针织衫时遵循由浅入深的原则铺底，在此基础上用马克笔的细头叠加出针织的肌理，绘制出针织坑条的质感。牛仔裤颜色是偏灰白的浅天蓝色，可以先用浅天蓝色马克笔沿边缘、缝合线、转折结构及暗部向中心绘制，画出渐变的感觉，表现出水洗发白的牛仔工艺效果。之后逐步深入，用浅灰蓝色丰富细节，用浅冷灰色马克笔铺满仔裤未破洞区域，用稍深的灰蓝色塑造转折与暗部，把须边部分及破洞处外露的细碎白线留白。

　　针织衫和配饰的银色闪亮部分可用马克笔点画出深灰色点，再用浅灰色马克笔铺满，方便之后提亮。裤子破洞里的闪亮部分也可先用浅灰色统一基调，再用深灰色马克笔塑造转折和体积感，用深灰色上色时可以用大小杂点来丰富亮片的层次。之后再来填涂凉鞋等，丰富一下细节，进入下一步的绘制。

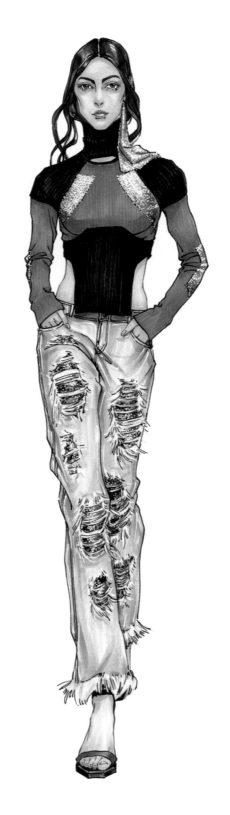

Step 04 ▶ 修饰

　　牛仔裤的水洗效果、须边、破洞，以及银色闪亮部分的高光、反光，都需要用白色高光笔有疏密节奏地修饰、提亮，从而更好地表现质感，拉开对比，强调面料自身的特性和工艺的特点。针织坑条的高光比较柔和，可以用白色的彩铅来丰富、渲染，沿着坑条的疏密、转折、起伏走向画出比较自然的针织效果，让画面看起来更加丰富、充实，在比较单一的灰黑色里增添变化和细腻的质感。

Step 01 ▶ 起稿

用铅笔起稿。模特的上装宽松，右衽连肩，腰部系结，长袖宽阔不及手腕，具有东方的设计元素。面料相对柔软，注意褶皱的绘制。上衣的花纹细小、琐碎，且和底色自然融合，可在上色阶段进行绘制。九分牛仔裤的裤口挽起，露出部分小腿及脚踝，单手插兜，绘制时注意手部结构与体积感的塑造。牛仔的面料比较厚实、硬挺，褶皱少且硬朗，主要聚集在膝部的转折位置。

Step 02 ▶ 勾线

铅笔稿绘制完成后可使用棕色或黑色勾线笔勾画皮肤部分及细节，用黑色秀丽笔勾勒头发与服饰，注意线条的流畅性，做到张弛有度。勾线时注意褶皱的疏密安排，这些线条的变化除了体现画面的节奏与美感，还能在一定程度上说明面料的软硬特性。

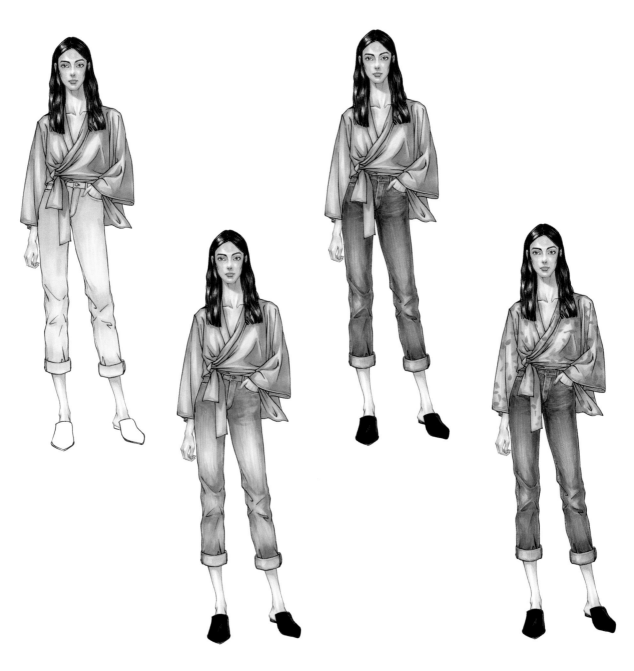

![Step 03] **上色**

　　使用马克笔上色。可先为服装铺底色，之后进一步沿结构、转折、褶皱来塑造整体效果。上衣的底色和印花颜色都比较柔和、交融，故而可以在画好底色之后再用蓝色和粉色马克笔绘制图案。注意图案不用过于细致，均匀、不规则地随起伏点绘好大致形态即可。

　　牛仔裤的胯部有水洗横纹效果，可横向用笔绘制。裤筒部分再纵向用笔渐变填涂，用深、浅蓝色马克笔塑造完后可用深蓝色彩铅丰富效果，笔的走向和马克笔一致，力度由边缘、缝线、转折和暗部向中间与亮部由重到轻，画出渐变过渡，丰富牛仔的质感。裤口卷起露出裤筒内部，颜色比外面浅，在绘制时要注意区分。黑色的拖鞋用深灰色、黑色填涂，金属配饰的细节可以用深灰色马克笔涂绘，之后再提亮。

Step 04 ▶ 修饰

  上装的图案细节可以用彩色纤维笔细致地勾勒。腰头的金属扣子在之前的上色过程已经用灰色绘制，比较暗，最后用白色高光笔提出质感。其他细节和高光也一起跟进，完成整体画面的绘制。

Chapter 16

印花类面料时装画示范

印花的种类繁多，但不是所有呈现在面料上的图案都叫印花。色织、提花等工艺都可以在面料上呈现出多彩的图案。印花布按工艺不同可以分为转移印花和渗透印花。手工印花布包括：蜡染、扎染、扎花、手绘、手工台板印花等；机印花布包括滚筒印花、筛网印花（包含平网印花及圆网印花两种）、转移印花，以及喷墨印花、静电印花、烫花、烂花、防染、拔染、植绒印花等。

图案一般可以分为单独纹样、二次连续纹样、四方连续纹样及适合纹样。常见的图案有条纹、格纹、波点、几何、迷彩、花卉、动物纹、字母等。

在绘制印花图案时，要注意它的平面性特点，即使印花所绘的图案是立体感觉的，也不要强调它的体积感，尽量把它归结为几何感的色块，画出"打印"的生硬感。绘制图案纹饰要求所画的东西边缘轮廓整齐明确，如果不是模糊间色的布料就不要晕染。图案若为单独明显的大图或文字，可以提前勾线，用较细的针管笔勾勒，和服装大轮廓稍粗的线条区分层次。如果是平铺图案或较小的且出现较多的图案，可以不去勾线，直接上色。

绘制条纹、格纹，以及一些较大或有规律的图案时，纹样一定要随着服装和人体的起伏，不能生硬地横平竖直地勾画，那样不符合形体起伏的规律，看起来好像图案没有印在身上。突起的部分，纹饰也跟着突起，起伏错落转折都要表现出来。碎花等细碎的图案可以不必纠结每个碎花轮廓，做到大体表现出效果即可。在绘制深底色浅印花布料时可以先用浅色铺底，再用深色在底色上勾勒轮廓，之后把深色部分涂满。

文字等印花要注意透视，如近大远小，相对靠前的字母会稍宽、稍高一些，差别不要过大。若是极小成排的文字，可以不去细致刻画，点出不规则的成排的小点即可。注意，这排小点的画法要类似于条纹，一定要符合人体和衣服的起伏。在书写绘制较大的文字时，用铅笔先打好上下左右符合起伏的辅助线，确定文字顶端和底端，以及总的长度，之后按近大远小的透视规律将其划分出几份，文字有多少即分为多少份，再进行绘制。

16.1 ▶▶ 背景的绘制与分析

　　学习了时装画人物以及衣着的绘画技法以后，很多人可能会问："要如何添加背景呢？"本节就以一幅画为例，讲解一下时装画背景的添加。

　　添加背景的方式有很多种，比如平涂、平铺单一色彩，以及根据人物衣着纹样平铺背景纹样，也有以粗线条潇洒地摆几笔色彩，或者给主体留一个白边之后添加背景。比较常见的马克笔时装画的处理方式有平铺，以及用马克笔粗线、潇洒地摆几笔颜色呼应。用马克笔平铺背景相对来说比较难涂均匀，粗头排线比较考验功夫，对于初学者来说很容易涂花。所以在这里推荐大家选择摆几条粗线条，爽利、大气、潇洒，同时又能渲染气氛，和画面中心呼应。

　　背景的线条在绘制时一定要潇洒、自由。其实潇洒的线摆是不是绝对的整齐、笔直或者完全贴合人体、不留白隙。背景越是放开，才越能衬托主体的细腻，那些细腻的甚至缀满碎花的背景，往往是为了衬托较为单调的主体或者制造某种特殊效果。

　　画背景的线条时可以相对自由、流畅，以竖直的长直线和折线较为常见，有时缀有一些自然的笔触顿点。当然也可以选择自己喜欢的方式来绘制背景，只要基本方向不变——为了中心服务就可以。

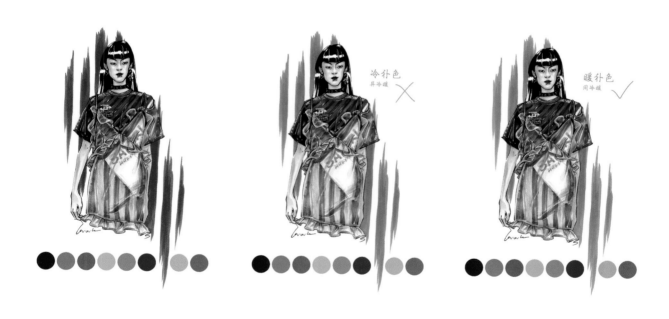

　　在这个案例中，衣服的几个主要颜色已经提取到了人物下方，供大家参考。通常选择颜色的方式有3种，一是撞色凸显服装，二是同色系不同明度强调色调，三是画面中不靠边或小面积出现的颜色作为背景与主体呼应，或者选择一种体现画面性格的颜色，或者选择灰色调背景，简单百搭。在主体颜色相对统一、大面积呈现某种较为鲜艳的单色时，可选择任意一种背景添加方式，遵从内心。撞色背景可以选择和主体色有反差的颜色，比如补色，当然也可以是其他颜色。不过在绘制补色时，最好选择同一冷暖趋向的颜色。例如，鲜艳的大红色的主体颜色呈现较暖的趋势，那么如果选择红色的补色——绿色作为背景，可以选择相对暖的偏黄的绿色，而不是偏冷的发蓝的绿色，以统一色调。灰色背景不适宜用在主体颜色较灰的画面中。我们可以用不同的颜色比一比，找到适合画面的背景颜色。不过这个很难说哪个最合适，自己喜欢的就是最合适的。

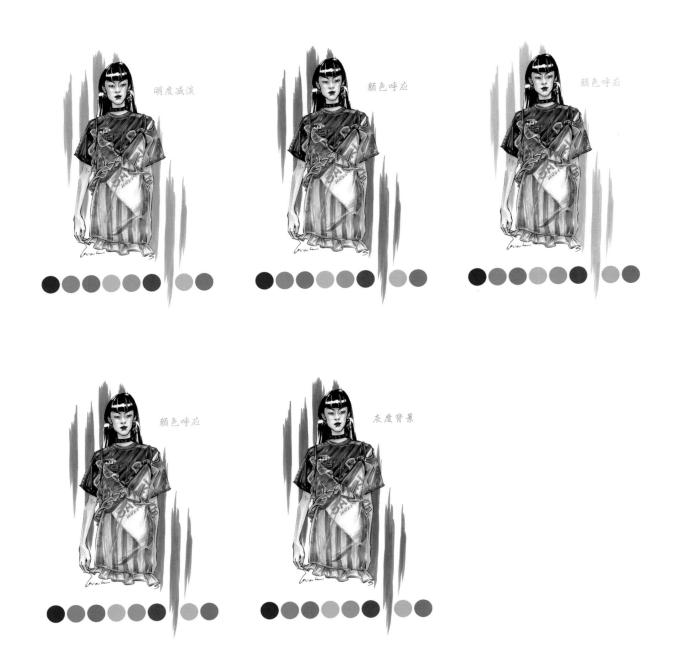

　　背景的绘制可以选择用马克笔的软头，也可以用粗头绘制比较放松的带有变化的线条。还有一种极粗的马克笔，要比普通马克笔的粗头还要粗几倍，用来绘制背景也是很好的选择。

　　本例示范图为这个穿着花哨的黑发亚洲少女配了条状的背景，与服装上较粗的条带纹样呼应，并尝试了不同颜色的背景，你们觉得哪种更好呢？如果服装上的纹饰过于细密繁杂，就不要用背景去模仿了，那样画起来很累，而且很难突出主体。示范中为主体添加的粗条背景也比模特身上的条纹粗很多。可以选择呼应的方式，也可以选择小面积衬涂，或者使用随意的线条作为背景。

Step 01 起稿

用铅笔起稿。模特的皮靴比较硬挺，靴筒紧紧地包裹腿部，鞋头稍宽，中间饰有拉链。风衣比较宽松，腰部和袖底端被系带收紧，下摆散开，使用呈放射状的流畅的线条绘制。褶皱的层叠丰富，疏密安排得当、张弛有度。绘制时一定要注意领部到腰部，再到底摆以及袖子等各部分的层叠、穿插关系，画好衣服的结构。

Step 02 勾线

铅笔稿完成后可以先用棕色或黑色勾线笔勾画皮肤和细节，然后用秀丽笔勾画服饰和头发，勾勒时除了考虑疏密、结构，还要注意线条的流畅。和铅笔稿一致，描绘出分明错落的衣褶线条，勾线有疏密、有变化，线条长短提按，画出放松、洒脱的感觉。整幅画面的布褶非常多，绘制时一定要注意妥善安排不同形态、节奏的褶皱。

Step 03 上色

　　使用马克笔上色。先给人体上色，然后填涂衣服。风衣的黑色部分可以先用深灰黑色马克笔顺着起伏、褶皱绘制中等暗度的区域，之后用偏冷的浅灰色马克笔填涂留白部分，最后用黑色马克笔绘制暗部。皮靴的黑色部分也可以依照这个顺序进行上色，高光可以提前预留。

　　风衣印花琐碎而繁杂，且深浅色基本处于红色调内，所以先用红色和橙色马克笔渐变着铺底，预留出一些浅色部分的空白，之后用米白色马克笔填涂留白部分，再用稍深的米色及灰色马克笔塑造细节。用深红色马克笔塑造红橙底色的褶皱、转折，然后用暖棕紫色及深褐色马克笔绘制图案印花，注意印花的左右对称性以及图案附着于面料这一要点，切忌使花纹脱离衣服本身的结构转折和起伏、褶皱。

　　在绘制这类比较洒脱、夸张的印花时，可以用马克笔比较放松地绘制上面的图样，尽量放开，不要画得太过僵硬。使用软头马克笔绘制时，可以使用软头绘制出线条的轻重缓急，使用硬头马克笔时，则用宽头通过提按画出潇洒、流畅的印花。

Step 04 修饰

　　为了呈现更细腻的效果，可以丰富一下环境色，比如风衣的黑色部分受到大面积红橙色面料的影响呈现淡淡的橙棕色，可以用橙棕色的马克笔来简单地渲染、丰富一下。此外，还可以用白色高光笔来勾画、提亮各部分的高光、印花的白色细节、金属配饰、鞋子的高光和反光，以及拉链细节等。在用高光笔丰富下摆图案时，要做到流畅、洒脱、收放自如。

16.3 ▶▶ 罗纹白卫衣碎花裙

 起稿

在绘制服装时要注意廓形结构，上装的卫衣比较休闲且宽松，切忌画成收腰、裹身的形态，转折与褶皱也都比较长顺，基本上没有碎褶。罗口和本体衔接处有所收紧，形成一些褶皱，且罗口包裹住手部和胯部且有一定厚度。卫衣和内穿的高领运动服的中间都有拉链设计，卫衣的帽子还配有可供抽紧的绳圈，记得画出其厚度，表现出体积感。

过膝的半身裙下摆相对宽松开阔，走动间呈现出腿部的轮廓。靴子被裙摆遮挡，靴筒部分比较宽松、硬挺，到了脚踝处呈现出一些褶皱的堆叠，绘制时要尽量有变化地表现这些褶皱的穿插形态。

Step 02 勾线

铅笔稿绘制完成后开始勾线，可以选择用棕色或黑色的勾线笔绘制人体和细节，然后用秀丽笔勾画服饰与头发，勾勒时要考虑疏密、结构，还要注意线条的流畅性及弹性。卫衣的领口呈"V"字形，拉链的齿牙可以换勾线笔用细碎均匀的点子表示。袖笼连接处可以用较轻的线条表示，同时，在勾勒到衔接处时小小的顿点转面便可表现出卫衣的厚度。此外，勾线时还要注意整幅画褶皱排布以及疏密节奏，秋冬的厚重和轮廓切忌画成小而紧的形态。

Step
03 上色

使用马克笔上色。线稿完成后比较常见的上色顺序是先为人体上色，后为衣服上色。一般而言都是由浅至深，层叠绘染。在给卫衣上色时我们可以先绘制拼接部分和彩色的细节装饰，之后用浅灰色沿着卫衣白色部分的面料肌理顺着起伏画出均匀细密的罗纹，并逐步加深塑造出大面积白色部分的纵条肌理，绘制时不要忘记体积感的塑造以及投影的加深等。

碎花的半身裙可先用红色、浅蓝色和浅粉色马克笔点画大小点状碎花备用。这类深底色浅碎花的布料都可以用这种先画碎花的方式进行绘制。靴子属于磨砂质感，先用深灰色、黑色马克笔来涂绘，留出较浅的边缘区域，使用冷、暖不同的浅灰色进行绘制，最后用黑色马克笔进一步塑造，强调出暗部的轮廓结构。

Step 04 修饰

最后一步，可以用针管笔纵向勾画一下卫衣的罗口，之后用白色高光笔横向来勾画、提亮罗口部分，画出其格状的肌理。白色面料的罗纹肌理、细节的高光等，可用高光笔来点缀。裙子是黑底缀有红、白、蓝、粉色碎花的面料，碎花大小不一，修饰阶段需要用黑色秀丽笔这类有弹性且比较容易控制粗细的工具来错杂点绘出碎花的效果。有节奏、疏密地随着裙摆的起伏点画底色，绘制碎花纹饰，注意让碎花看起来符合裙摆的走势，不要画得过于平面。接下来可以用黄色和蓝色等彩色铅笔来修饰一下磨砂质感的筒靴，加入环境色，丰富画面。

16.4 ▶▶ 粉小点西服长靴

Step 01 ▶ 起稿

　　用铅笔起稿。西服部分面料挺实，腰部稍向内弯，表现出女性的腰线，省道从胸部延伸到左右盖兜。内搭的领部褶皱碎密，蝴蝶结系结搭在西服的驳领之上。短裙采用褶皱工艺和西服的简单轮廓形成对比。长筒靴与短裙的底摆相接，包裹腿部，在转折处形成多而细的褶皱。

Step 02 ▶ 勾线

　　使用棕色或黑色的勾线笔绘制人体和细节，然后用秀丽笔勾画服饰与头发，勾勒时要考虑疏密、结构，还要注意线条的流畅性及弹性。在人体和服装都勾勒完毕且笔痕干透之后，轻轻擦去铅笔印，完成线稿的绘制。

Step 03 ▶ 上色

　　使用马克笔上色。线稿完成后比较常见的上色顺序是先为人体上色，后为衣服上色。一般而言都是由浅至深，层叠绘染。西装部分先用浅粉色铺底，然后用稍深的粉色塑造。内搭的黑色系结衬衫先用稍浅的深灰色铺底，之后塑造细节，加深颜色。短

裙则用乳白色、浅米色和浅灰色混合塑造，用暖乳白色画出体积感、起伏。长筒的紧腿靴是用亮片布料所制的，上色时也可以由浅入深，用点连的方式画出面料的肌理，并有些许留白，体现其质感。最后，丰富一些细节的颜色，大体完成上色。

Step 04 ▶ 修饰

首先，粉色西服可以先用粉色的彩色针管笔画点，画出由上至下、由深至浅的渐变效果。通过点的疏密表现出颜色的深浅及疏密、转折关系。女士西服上黑色的波点可用黑色的勾线笔或彩色针管笔处理。内搭黑色衬衫的白色波点图案很难提前预留，可在最后一步用白色高光笔来点画，注意这些波点都是有规律地均匀分布在面料上的，绘制时要注意远近、疏密以及形态变化。鞋靴的亮片质感可用白色高光笔沿着腿部鼓起的亮部随意地点画一些高光笔触，主要点在高光区域，灰度区域可以渐变着少点一些，过渡一下。还有画面其他部分的细节、高光也都可以用高光笔来进行提亮与明确、点缀和修补，使画面更显丰富和细腻。

Chapter 17

各式褶皱类时装画示范

在之前的绘制中，大家都可能会遇到如下困惑：有时不知如何安放褶皱，有时画得太过一致，有时不符合结构转折。本章为大家重点讲解和示范不同褶皱的画法，帮助大家理解如何画好形态各异的褶皱。

褶是指面料按照一定的规律折叠所产生的纹痕，而皱则是面料因表面紧缩和被揉捏形成的自然或随意的纹路。褶皱造型手法多种多样，有工字褶、倒褶等设计形式。褶皱与面料的关系密不可分，例如悬垂感强的薄面料就容易呈现出柔和、飘逸的褶皱，而分量感较强的厚重面料所呈现出的褶皱也相对硬挺、厚重，比较宽大，不如薄面料的细密。我们还常常会利用光感优越、薄透百变的各式面料来设计营造出褶皱的光影变化。当然，不同的制作工艺也会形成不同的褶皱，褶皱的多变也给服装的设计创造了更多的可能。

不论是富贵华丽的宫廷风，还是温婉可人的淑女风，不同的褶皱形态都可以辅助面料和设计营造不同的浪漫情怀。不断推陈出新的服用综合材质，促进了褶皱以及服装形式的丰富发展。

褶皱要为形体服务，在人体鼓起的部位，切记绘制硬褶。很多时候褶皱的形态既要参考实际，也要自我分析，留下塑造形体的部分，去掉破坏结构的部分。自主地排列褶皱的长短、疏密以及曲折形态，使其自然、合理地呈现出来。

　　从绘制人物的着装开始，我们就与褶皱打交道了，但是衣褶甚至更丰富的褶皱究竟怎么画才能更美观、更自然、更舒服呢？下面我们就来具体地学习衣褶的绘制。

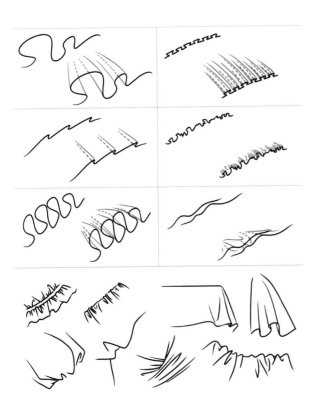

　　上图示范了 6 种褶皱的绘制及透视关系，以及更多褶皱范例供大家参考学习。6 个透视示范图中的黑色线条为第一笔所画，红色线条为第二笔所画，蓝色虚线为被遮挡的透视效果的结构线，我们在绘制时蓝色虚线是不用画的。图中给大家展示了常用的裙摆褶、工形褶、倒褶、荷叶边，还有拉夫领褶皱，也称轮状皱领，以及细碎的木耳边等。还为大家局部绘制了各种褶皱堆叠、抽紧、转曲、垂展等不同状态下的不同形态。褶皱交错间都是长短不一、形态各异的，这一点要特别注意。

　　最后，还给大家附上了一张渐变层叠细褶的针织礼服裙的效果图，供大家参考。大家可以试着分析一下看上去类似的裙摆层叠间的起伏是如何做到相似不相同、流畅自然有疏密的。

17.2 ▶▶ 褶皱吊带雪纺连衣裙

 起稿

用铅笔起稿。吊带裙的上部布满横向的抽褶，紧密错落，绘制时要找到线条间的长短、形态差异，绘制出富于变化的褶皱。在绘制褶皱前需要先找好连衣裙的大体轮廓，再在其基础上深入，胸部的褶皱切不可破坏人体的体积，不要把胸画瘪了。吊带位于锁骨和肩斜线的交叉处——大多数肩带都会设置在这个位置，以防滑落。

抽褶下摆自然垂落，双层叠加，随走动向一边倾斜。下半部的雪纺裙摆微微露出腿部的线条，随着腿的走动呈现出流畅的褶皱线条。鞋子上的流苏球蓬松俏皮，在绘制流苏时不要一根一根地描画，要做到有张有弛，线条放松洒脱，形态严谨圆鼓，成组地描绘。

勾线

铅笔稿完成以后，可以用棕色或黑色的勾线笔描绘人体和细节，之后再用秀丽笔勾画服饰与头发。绘制时要注意画出头发的蓬松质感，卷曲的发丝要成组地描绘，加之上衣的褶皱、鞋子的流苏这些"密"的部分，要和裙摆等"疏"的部分形成对比，疏密安排得当。

Step 03 ▶上色

　　使用马克笔上色。上色时先填涂人体，然后绘制服装部分，大多数情况下都是从浅入深，逐渐推进、塑造。填涂颜色时注意体积感的塑造，褶皱及转折处往往颜色更深一些。在绘制雪纺面料前，先绘制透出的皮肤颜色，由于雪纺面料半透明的特性，可以稍稍减弱底色的对比度和饱和度，选择比原色稍浅的颜色来铺底。绘制好底色后，在此基础上再叠加雪纺的蓝色，由浅入深地塑造，在靠近边缘、转折处，层叠更多遍，以体现透明物料的固有色。

188

Step 04 修饰

在修饰时，可以先用较浅的灰墨蓝色彩色纤维笔来绘制皮肤上的文身，刻画要尽量仔细、认真。之后再用白色高光笔来提亮鞋面、流苏等各部分的高光，刻画裙摆飘带上的白色缝线细节。飘带上的红色线圈是先用白色高光笔勾勒，再用红色的彩色纤维笔或马克笔覆盖营造出的效果。

17.3 ▸▸ 淡粉荷叶边礼服裙

Step 01 ▸ 起稿

　　用铅笔起稿。模特双臂后弯，双手插入裙摆，绘制时注意透视，不要把裙摆画扁。欧根纱裙摆及地，一端微微露出部分脚面，遮住的部分隐约透露出皮肤，神秘、梦幻而迷人。

　　这张画的重点在于褶皱的绘制，抹胸及裙摆上斜向设计的双层荷叶褶扭转错落、变化繁多，互相交叠且形态流畅自然，如何将其表现得当显得尤为重要。我们需要在大体的连衣裙架构搭建完毕后先随着褶皱起伏画好流畅的斜线，即荷叶边缝合的位置，之后再进一步有节奏、有疏密、有变化地绘制相似却不同的各式荷叶褶皱，画出其凌于裙之上的效果，符合裙之动的华丽曼妙和万种风情。

Step 02 ▸ 勾线

　　铅笔稿绘制完成后使用棕色或黑色勾线笔勾画皮肤部分及细节，用秀丽笔勾画服饰及头发，注意疏密和结构。模特下半身隐约显露出来，在勾线时可勾勒出大体的曲线，从线稿就上体现出裙子的半透明质地。荷叶边流转万变、层叠穿插，勾画时一定要注意前后遮挡关系，以及各个褶皱的起伏走向及形态变化，线条要流顺潇洒、张弛有度、疏密错落。

Step 03 上色

　　使用马克笔上色。在绘制时先填涂半透明的欧根纱面料下面一层的颜色，可以简单地填涂皮肤的颜色，稍稍减弱被遮挡部分皮肤底色的对比度和饱和度。绘制好底色后再叠加透明面料的颜色，即淡粉色，并层层加深塑造，丰富层次。最后，可以适当地融合一点浅灰紫色调节画面。

　　画面的整体颜色统一、柔和，质料有一点"支"性并且轻巧、灵动，对比不是特别强烈，绘制时要注意浅色中细腻的层次变化。灰银色的手套和腰带融合一些裙子的粉色，表现出环境色的影响，注意留白，加强对比，突出金属质感。黑色的凉鞋用深灰色和黑色马克笔来描绘，被裙摆遮挡的部分可以用浅灰色和中灰色填涂，并使之与裙摆的淡粉色趁湿进行融合，减弱对比，柔化半透明裙摆下黑色绑带的突兀感。

 修饰

　　整体上色完毕后，将裙摆、荷叶边，以及金属质感的皮带、手套等配饰和其他画面中需要完善的细节与高光部分用白色高光笔进行勾画、提亮。

17.4 ▶▶ 大荷叶露肩连衣裙

Step 01 起稿

用铅笔绘制上下辅助线及中垂线，确定人物的位置和中心，用长线条绘制轮廓后逐渐细化铅笔稿。抹胸短裙比较挺括，没有什么褶皱，除了大的荷叶装饰，裙子的本体是比较修身的。袖子属于比较瘦的筒状，与抹胸两侧稍稍相接。大的荷叶装饰是裙子设计的重点，绘制时一定要注意它的转曲走势及透视穿插。

Step 02 勾线

铅笔稿绘制完成后可使用棕色或黑色勾线笔勾画皮肤部分及配饰和细节，模特的头发和服装可用黑色秀丽笔来勾勒。裙子廓形结构简单，勾线时尽量一气呵成。黑色丝袜比较细腻，不用像绘制网袜或蕾丝袜那样提前勾勒。鞋子要包裹在脚上，系带位于脚踝上方一点，后跟饰有毛羽，要勾勒出其灵动自然的错落和变化，用放射状的线条由内至外描画。

Step 03 ▶ 上色

  线稿完成后先给皮肤上色，完成后为衣服上色。使用马克笔上色，黑色的抹胸裙从较深的灰色涂起，逐渐沿边缘转折塑造、加深，直至黑色。画出黑色面料的起伏与受光、背光，表现出抹胸裙光滑、挺实的细腻质感。

  黑色的连裤丝袜相对薄透、光滑紧绷，透出腿部的肤色，绘制时可以先涂好肉色，再叠加深灰色，之后叠加棕色和黑灰色等。膝盖朝下的面、裙摆投影和靠近边缘的地方颜色较黑，灰黑色和肉棕色的过渡要自然，绘制出丝袜透明的感觉。

  皮质的黑色高跟鞋用深灰色和黑色塑造出体积感，在绘制鞋和金属的配饰时注意留好高光，加强对比。服装整体呈现黑色，大家需要掌握不同材质的黑色如何用马克笔来区分表现。

Step
04 ▶ 修饰

　　皮鞋和配饰的高光虽然有留白，不过在最后一步用白色高光笔来提亮可以更加明确、细致地强调出形态轮廓，加强对比。丝袜的高光可以用白色的彩铅来提亮，画出腿部被丝袜包裹的淡淡光泽。黑色的抹胸裙也可以使用蓝色和黄色等颜色的彩铅丰富画面的冷暖，为比较沉闷、单调的黑色自然地增添一个新的层次，让画面看起来更具层次感，也更加细腻。

18

秋冬厚重类时装
画示范

　　本章重点讲解秋冬季节常穿的夹棉绗缝以及羽绒服、夹克等较为厚重的服装是如何绘制的。

　　一般而言，这类服装都比较蓬松厚实，保暖效果好，靠近轮廓缝合处收紧，中间鼓起部分蓬松绵弹。上色时同样是缝合、转折、褶皱部分颜色深，鼓起部分为亮部。

　　这类服装切忌画得过于贴身修体，由于其蓬松度以及厚度，还有外穿的特点，相对比较宽松。不过具体的人体结构和转折部分还是要对应上的，如肩膀、手肘等比较明确的骨点还是会架起衣服来的。只是在绘制时，要把这类衣服本身的宽松结构以及面料的厚度算进去再绘制，使得衣物看起来够大、够厚，同时还穿在了有骨架的人体身上。还要注意勾勒的线条形态，即使是棉袄、羽绒服，在用线时也要注意"宁方勿圆"。在绘制时，先画人体架构，之后留出一定的宽松度，画一件比人体宽一圈的外衣内衬形，再在这个轮廓外面叠加衣服的厚度，这样就可以在一定程度上避免将衣服画得过于紧身或者形态幼稚、浑圆的问题。

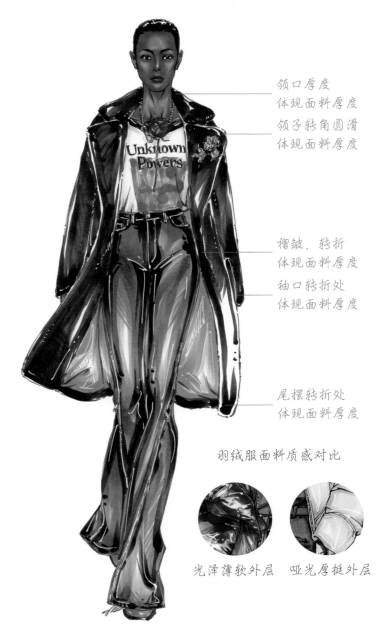

领口厚度
体现面料厚度

领子转角圆滑
体现面料厚度

褶皱、转折
体现面料厚度

袖口转折处
体现面料厚度

尾摆转折处
体现面料厚度

羽绒服面料质感对比

光泽薄软外层　　哑光厚挺外层

　　在本章开篇简单介绍了一些关于绘制厚重衣服的技巧和注意事项，本节通过示意图分析一下厚重服装应该如何表现。就大衣这类服装而言，领、袖口以及这些位置的边线、转折处都可以表现出衣服的厚度。从各部分外轮廓的宽大上可以看出，领子折角的圆滑、转折处两边线之间的距离等，都是体现质感的细节。

　　羽绒服或一些夹棉、绗缝的服装，除了其厚实蓬松的特征，表层面料的薄厚质地也可以通过刻画体现出来。表层更加厚实，衣服轮廓也相对更加硬挺，线条更直率，褶皱更少，高光形态也更碎细，通常高光可以体现很多绵密细褶的形态。哑光的面料光泽感弱，高光不如光泽面的明确，对比也相对弱一些。最后强调一遍两个易出错的点，一是不要把衣服画得太瘦、太修身，二是注意轮廓、线条要"宁方勿圆"，千万不要把"厚"理解成"圆"，丢掉结构。

Step 01 ▸ 起稿

用铅笔起稿。模特的羽绒服是不对称设计，上装部分比较蓬松，但不能丢掉筋骨，用线还要"方"一些。羽绒服内充羽绒，鼓起处相对平滑，转折绗缝处褶皱比较多。羽绒服的外层面料相对较薄软，褶皱比较细腻，避免过厚、过粗。

手套佩戴至手肘，顶端和袖部相接固定，绘制手掌和手臂时要注意留出手套的厚度，注意手套是由两种面料拼合且中间伴有褶皱的。

半侧的军装式短大衣较为挺括，腰部被绳带束紧，但没有什么褶皱，且有一定厚度。大衣的用线要流畅自然、干净利落，注意各部分的穿插和遮挡关系。半身裙被上装部分遮挡，面料部分和短大衣一致，还有一部分为拼接的灰黑色面料，都具有"支"性，线条流畅少褶。

Step 02 ▸ 勾线

铅笔稿绘制完成后可以先用棕色或黑色勾线笔勾画皮肤和细节，然后用秀丽笔勾画服饰和头发，疏密要得当，结构要准确，用线要流畅且具有弹性。细腻的褶皱要有变化，和挺括平滑的面料形成"密"和"疏"、"繁"和"简"的对比，画出有细节、有层次、有变化的线稿。这样，待勾线完全干透后擦去铅笔痕迹，就完成线稿部分的绘制了。

Step 03 上色

用马克笔上色时先填涂人体，然后绘制服装部分。大多数情况下都是从浅色入手，逐渐加深层次。羽绒服部分的面料比较薄软、有光泽，可以提前预留出高光并在一定程度上加强对比。领口的罗纹较细腻，要先铺较浅的底色，之后留出表现厚度的亮边进一步加深，最后用彩色纤维笔刻画罗纹细节，排线要均匀细腻。鼓起的部分相对受光较亮，褶皱、凹陷的地方相反较暗，我们要用深浅塑造出衣服的体积感和转折。

粉色和墨蓝色的间条宽窄均匀得当，需要考虑近疏远密，以及收紧的地方被压缩变窄等问题，上色同样要层层递进，先铺底色，再逐步加深塑造起伏变化。有一定厚度的面料在加深塑造时一定要记得留一个窄亮边来表现厚度。

拼接的灰黑色裙摆，以及高领内搭、袜子和鞋的灰黑色部分，都是先填涂较浅的深灰色，之后再顺着结构用笔，逐步加深塑造，丰富层次。袜子的罗纹坑条比较细腻，但不及领口的罗纹那般紧密，可以直接用颜色稍深的马克笔细头轻轻排线，绘制出自然放松的罗纹效果。大体的服饰颜色绘制完毕后，用深、浅金黄色和浅灰色马克笔等填充金属细节等，完成整体的上色。

Step 04 修饰

　　羽绒服的高光、金属的细节等均用白色高光笔来勾画、提亮，突出对比、强调质感、明确高光。袜子的罗纹和鞋子的光泽还可以用白色的彩铅来丰富画面的表现，柔和地提亮，使画面更加细腻、富有质感。

18.3 ▶▶ 绗缝裙毛领夹克

 Step 01 起稿

用铅笔起稿。模特的上衣夹克比较合体，也有一定的
厚度，表面光滑。袖子堆叠挽起至手肘，罗口具有一定厚度，
包裹在小臂上，褶皱集中在手肘的转折部分，穿插压叠，
错落有致。皮草的领子蓬松围绕，绒毛较短，呈放射状展
开。半身裙后摆开叉，比较包身，薄夹棉菱格绗缝，具有
一定厚度，但又能体现出女性的曲线。起稿时要先把裙子
的大轮廓勾勒出来，之后再进一步绘制菱格绗缝。菱格的
绘制方法和印花图案一致，要符合人体以及裙摆的起伏。
近疏远密、近大远小，两侧或转折部分的菱格被压缩变形，
但毕竟还是一条裙子，所以透视没有那么大，菱格的大小
差距也不要过于悬殊。

Step 02 勾线

用铅笔绘制完线稿以后，可以用棕色或黑色勾线笔勾
画人体和细节，用秀丽笔勾画头发及服饰。在关注疏密、
结构的同时，保证线条的流畅性。

之前我们起草好了菱格的形态，那么绗缝的效果就要
在勾线阶段体现了。每一个夹棉菱格都相当于一个小鼓包，
虽然是薄面夹层，但也会有一定的起伏变化。缝线处下陷，
菱格中部微凸，但要符合裙子大的起伏变化，勾勒时用笔
可以放松一些。

线稿完成后通常先涂绘人体部分，然后绘制服装。在用马克笔上色时，当遇到这种灰度色所占面积较多的情况时，可以选择先用中灰度颜色的马克笔勾涂，之后再顺着结构渐变着涂染浅色。画出过渡，然后塑造加深，进一步丰富体积感和画面效果，深入刻画，表现质感。上装和半身裙的面料都具有一定的光泽，尤其是绸缎面料的绗缝裙子，需要在一定程度上加强对比，也可以涂染一点灰色进去丰富其暗部反光，鞋子的绘制同理。

小面积的罗口可以由浅入深上色，表现出厚度。毛领尽量趁湿渲染出渐变的效果，由浅至深一点一点地过渡，笔触细碎一些，画出柔软的毛茸茸的质感。

先用深灰色的彩色纤维笔细致地排线，画出罗口紧密的坑条肌理，并点画丰富闪亮的高跟鞋暗部，加重其暗部并伴有闪片的碎点感觉。再用白色高光笔提亮受光部分菱格的高光及拉链等，点画鞋子的闪亮光泽，加强对比，凸显质感。然后用白色的彩铅来淡淡地提亮领口的皮草边缘，一方面丰富领饰的层次，另一方面区别于强对比的高光，显示出柔软皮草的细腻光泽。

最后，换黄色的彩铅丰富一下上装，较有光泽的平滑面料受到周围环境色的影响呈现出微微发黄的反光。用彩铅轻涂，自然地表示出来，最终完成画面的修饰。

19

特殊材质与面料时装画示范

　　本章主要介绍一些特殊面料，如幻彩、镭射、偏光金属等不太常见的材质的画法。随着技术的进步以及面料种类的不断研发，这些以前很少用于服装制作的面料已逐渐走入人们的视野。幻彩面料和偏光金属等面料和PVC材质以及金属材质类似，不过颜色极为丰富，几乎红、橙、黄、绿、青、蓝、紫整个彩虹色都可以上身。在给这些材质的面料上色时，要先统一光源。绘制时最好还是参考照片，否则单凭想象很难画得很像幻彩感觉的服饰，可能会花掉。如果是PVC质感的幻彩面料，记得转折处要硬朗挺括，高光同样明确硬朗、富有质感。

19.1 ▶▶ 幻彩大夹克

Step 01 ▶起稿

　　用铅笔起稿。上身外套极大、极宽松，属于超大廓形男装款式。面料为幻彩PVC，结构线以及硬挺的转折形成了衣服的骨架，褶皱呈直线、折线。绘制时注意找好衣服的"支点"，将其连接成一件大而挺括的服装。外套的领子高耸、开阔，袖子很长，遮住手部。褶皱虽直接、硬挺，但也长短不一、错落有致，要画出变化来，让褶皱为形体、为衣服服务，使其看起来既有舒服的转折起伏，又丰富多彩、富于变化。内搭的风衣有窄条的折领，左右搭叠，腰部系带固定，长度及膝，走动间呈现出挺括、自然的褶摆。模特脚上穿着极其肥大的运动鞋，不要在绘制时丢掉转折结构。鞋帮两侧和鞋舌头，以及横向粘扣、鞋带、孔眼、鞋底包胶和各种叠缝皮革间的穿插相当繁复，起稿时要认真、仔细，准确地标记出鞋子大的轮廓和各细节之间的交错堆叠，方便之后的勾边。

Step 02 ▶勾线

　　铅笔稿绘制完成后使用棕色或黑色勾线笔勾画皮肤部分及细节，用秀丽笔勾画服饰及头发，注意用线要肯定、有弹性。鞋子大体可用秀丽笔勾勒，鞋带等细小的细节部分可以用勾线笔描绘。

　　衣服上配饰的口袋有的嵌在衣服之上，有的叠压在外套表面，穿插和遮挡关系一定要准确、妥帖。粘扣、拉链、子母扣等细节也要细致、精确，刻画到位。画面中有很多宽窄缝边，勾线时要流畅，转折或鼓起处自然带过，留有一点空白，使其显得轻细放松又不抢轮廓线。模特穿着黑色丝袜，所以在勾线时可以用黑色的秀丽笔来勾画露出的腿部线条。

Step 03 上色

　　线稿完成后使用马克笔给人体上色，之后为衣服上色。内搭的风衣、鞋子的装饰和小包都有土黄色，可以同步上色，深入塑造。小包是用特种皮制作的，有蟒蛇纹路，上色时可点绘以丰富层次。风衣的上部和鞋子也都有相同的红色呼应，这些也可以同时绘制，上色时注意明确物体的体积转折以及遮挡穿插，加重投影和暗部，使其更加立体、饱满。

　　帽子属于红色闪亮质感，上色时由浅入深，尽量用点画法铺色，画出闪片的感觉。黑色的丝袜相对薄透，光滑紧绷，透出腿部的肤色，绘制时可以先涂好肉色，再叠加深灰色，之后叠加棕色和灰黑色，灰黑色和肉棕色的过渡要自然。在靠近边缘的地方丝袜颜色较黑，要塑造出丝袜透明的感觉。大外套为幻彩镭射效果，表面是光滑油亮的PVC质感，除了多变的颜色，还有着强烈的对比。上色时由浅入深，先填涂较浅、较明亮的黄色，然后涂淡红色、淡蓝色、浅绿色、浅粉色、紫色、玫红、深蓝等。沿着衣服的转折走向交叠排布，肯定、爽利地用笔，叠加出比较幻彩的效果。可以多用些颜色来丰富层次，多融合一些幻彩的过渡颜色到外衣上，使其看起来更具层次感，颜色也更加多变、更加饱满。

　　外套内领和鞋子内里都有黑色面料的搭配，上色时也要表现出体积感和转折，从深灰色逐步塑造到黑色。最后，丰富细节部分，如包链、纽扣等，上色就完成了。

Step 04 ▶ 修饰

    幻彩 PVC 外衣、鞋子、小包的蛇纹肌理、帽子的闪光、拉链和扣子等都可以用白色高光笔修饰。黑色内领受到周围红色的渲染形成的环境色更适合用彩铅来自然地涂饰。鞋子上一些较浅淡的高光和反光,可用白色的彩铅淡淡地渲染,这种叠加可以让颜色的层次更加丰富、充实,使画面看起来更加细腻、耐人寻味。

19.2 ▶▶ 幻彩风衣大挎包

Step 01 ▶ 起稿

用铅笔起稿。绘制服装时要关注衣服的廓形结构，幻彩的 PVC 面料比较挺括，和米色的风衣交叠穿插。双层的驳领、双层的门襟、嵌套的袖口……绘制时一定要注意不同面料、不同衣饰结构间的遮挡关系。衣饰的褶皱较多，主要集中在手肘及腰部，线条相对直朗且以中短长度为主，疏密错落，安排得当。双层设计的风衣底摆及膝，走动间左右形成穿插交叠的遮挡。

斜挎的大包内容物丰满，支撑鼓起，向下坠的重力拉伸出放射状的纵向褶皱。肩带遮压外衣，饰有较细的走线，连接各式金属扣环并与包袋挂连。穆勒鞋鞋头稍方，找好鞋子的几个转折位置即可。

Step 02 ▶ 勾线

铅笔稿绘制完成后可以先用棕色或黑色勾线笔勾画皮肤和细节，然后用秀丽笔勾画服饰和卷发。和铅笔稿相同，描绘出分明、错落的衣褶，勾线时要有疏密变化，较多的衣褶要安排得当。束腰的系带很长，饰有走边，宽度固定，穿于风衣腰间设置的带袢中。画面从整体上看细节较多，在绘制时应认真仔细，弄清楚各片衣布间的错叠关系，明确衣服的形体变化及穿插，将线条画出直率、洒脱的感觉。

Step 03 上色

用马克笔上色时先填涂人体，然后绘制服装部分，大多数情况下都是从浅色入手，逐渐加深层次。幻彩光亮的PVC面料除了颜色多变绚丽，还有较强的对比。上色时可以自由、放松一些，由浅入深，先填涂较浅淡的奶绿色，之后融入淡蓝色、淡黄色，以及稍重的奶绿色、天蓝色、玫粉色、紫色和宝蓝色等。行笔要沿着衣服的转折走向，爽快、洒脱地层叠，画出比较幻彩的效果。当然，在保持大的蓝紫绿幻彩的色彩基调下，也可以添加更多的颜色进行更加细腻多变的融合与过渡，使其看起来更具层次感，色彩更加绚丽、饱满。

米色的内搭衬衫及风衣面料按照由浅入深的方式推进塑造即可，注意上下层的穿插关系，以及上层对下层的投影变化即可。系腰的绳带外面为幻彩PVC面料，里面则是米色的风衣面料，和整体衣饰的颜色、面料相呼应。鞋子的颜色类似于幻彩的珠光色，用淡黄色、奶绿色、淡紫色和偏冷及偏暖的两种淡蓝色来表现即可。

　　用白色的高光笔提亮高光部位，以画出丰富的层次及对比，再用绘制风衣的米色及土黄色等颜色的马克笔来渲染幻彩
PVC部分，表现出环境色的影响。用高光笔勾勒高光时用线要爽利、洒脱，可配合描绘幻彩面料时所用的马克笔层染出细
腻的变化，刻画出明确的转折。鞋子的幻彩珠光面料有一定肌理，可以用以点带面的方式提亮。

19.3 ▸▸ 特殊光泽礼服裙

 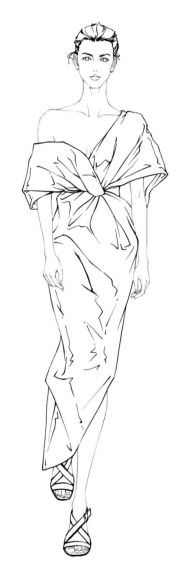

Step 01 ▸ 起稿

用铅笔起稿。特殊光泽面料的礼服裙上部宽松开阔，一肩下落，腰部收缩，不对称的下摆一侧较低，另一侧开至膝部方便活动。连衣裙的褶皱主要集中在腰部收紧处，以及走动的两腿落差和膝盖弯折处。礼服裙的面料特殊，呈现出的褶皱较大、较蓬松，绘制时要注意把握好人体和服装支点的位置，衣服要立体、有骨架。

Step 02 ▸ 勾线

铅笔稿绘制完成后使用棕色或黑色勾线笔勾画皮肤部分及细节，用秀丽笔勾画服饰及头发，注意疏密变化和结构转折。连衣裙的结构相对简单，面料具有一定"支"性，褶皱比较扭碎，和以往的褶皱线条不同，需要大家注意。

Step 03 ▶ 上色

　　用马克笔上色时，通常先给皮肤上色，之后再来绘制服装，顺序一般是由浅至深。这次的绘制融入了较多的环境色，大家可以观察到模特的皮肤、头发以及黑色皮质凉鞋、礼服裙上均有淡蓝色的晕染。在熟练掌握基本的上色技巧之后，便可以尝试融入环境色来丰富画面。特殊光泽感的礼服裙对比强烈，可以尝试由深入浅的上色方式，先明确转折、褶皱走向、明暗交界的位置，之后再步步递推，减淡或充实面料的颜色，使其更加丰富绚丽。

　　在黄绿色的大基调里可以渲染不同冷暖、饱和度、明度的黄色、绿色甚至浅蓝色，来表现这种带点金属感的面料的幻变光泽。用笔时可以轻松一些，摆线时带一些扭转和碎点，表现出连衣裙的特殊质感。

 修饰

礼服裙耀目的高光在上一阶段上色的时候没有预留，此时可以用白色高光笔在绘制好的礼服裙上进行高光的提亮、勾画，表现出金属感多变的绚丽光泽。鞋子的高光及其他部分的细节也都可以用高光笔来修饰处理。

Chapter

20

时装画临摹范例